秀珍菇标准化出菇房

U0275993

秀珍菇保鲜

采收秀珍菇

秀珍菇保鲜包装送往超市酒店销售

秀珍菇专用雾化喷水头

秀珍菇试管母种

木薯枝条栽培秀珍菇

台湾秀珍菇

秀珍菇鲜品

速冻秀珍菇

秀珍菇酥

花篮里菇儿香

新法栽培秀珍菇

编著者
张胜友　孙响林

金盾出版社

内 容 提 要

秀珍菇因其形状俊秀，食之味道鲜美，经济价值高，很受消费者青睐。本书根据生产实际需要，作者详细地讲解了秀珍菇的生物学特征、经济价值、菌种生产技术、栽培管理、病虫害防治、采收与加工、仓储管理与病虫害防治等各个环节的技术要点。全书内容通俗易懂，实用性强，适合广大从事食用菌栽培的人员和农业院校师生参阅。

图书在版编目(CIP)数据

新法栽培秀珍菇/张胜友，孙响林编著．—北京：金盾出版社，2014.1

ISBN 978-7-5082-9062-1

Ⅰ.①新… Ⅱ.①张…②孙… Ⅲ.①食用菌—蔬菜园艺 Ⅳ.①S646.

中国版本图书馆 CIP 数据核字(2013)第 307358 号

金盾出版社出版、总发行

北京太平路 5 号(地铁万寿路站往南)

邮政编码：100036 电话：68214039 83219215

传真：68276683 网址：www.jdcbs.cn

封面印刷：北京精美彩色印刷有限公司

彩页正文印刷：北京金盾印刷厂

装订：永胜装订厂

各地新华书店经销

开本：850×1168 1/32 印张：4.75 彩页：4 字数：121 千字

2014 年 1 月第 1 版第 1 次印刷

印数：1～7000 册 定价：10.00 元

(凡购买金盾出版社的图书，如有缺页、倒页、脱页者，本社发行部负责调换)

目　录

第一章　概述……………………………………………………（1）
第二章　秀珍菇的价值……………………………………………（3）
第一节　秀珍菇营养价值……………………………………………（3）
第二节　秀珍菇药用价值……………………………………………（5）
第三章　秀珍菇的生物学特性……………………………………（7）
第一节　秀珍菇的分类地位及形态特征……………………………（7）
第二节　秀珍菇的生长发育及其生长发育条件……………………（8）
第四章　秀珍菇菌种生产技术 ……………………………………（13）
第一节　秀珍菇菌种生产的物质准备 ……………………………（15）
第二节　灭菌与消毒 ………………………………………………（21）
第三节　秀珍菇母种、原种、栽培种、液体菌种制作技术………
……………………………………………………………………（27）
第四节　菌种保存方法 ……………………………………………（38）
第五章　新法栽培秀珍菇 …………………………………………（42）
第一节　栽培季节 …………………………………………………（42）
第二节　栽培原料准备 ……………………………………………（42）
第三节　培养料选配 ………………………………………………（49）
第四节　发酵料栽培秀珍菇技术 …………………………………（49）
第五节　一次发酵料栽培秀珍菇的方法 …………………………（54）
第六节　二次发酵栽培秀珍菇技术 ………………………………（62）
第七节　熟料栽培秀珍菇 …………………………………………（69）
第八节　台湾秀珍菇栽培技术 ……………………………………（74）
第九节　新法栽培秀珍菇 …………………………………………（78）
第十节　反季节栽培秀珍菇技术 …………………………………（83）

第十一节　菇面追肥选配 …………………………… (90)
第六章　秀珍菇的贮藏保鲜 ………………………… (93)
第一节　采收方法 …………………………………… (94)
第二节　贮藏保鲜技术 ……………………………… (95)
第七章　秀珍菇的病虫害防治 ……………………… (99)
第一节　秀珍菇病虫害的综合防治技术 …………… (99)
第二节　秀珍菇生理性病害及其防治……………… (105)
第三节　秀珍菇非生理性病害及其防治…………… (111)
第四节　秀珍菇虫害及其防治……………………… (119)
第五节　秀珍菇贮藏期害虫种类及其防治………… (124)
附录………………………………………………… (139)
附录一　食用菌卫生管理方法……………………… (139)
附录二　农作物秸秆及副产品化学成分…………… (140)
附录三　常用农药混合使用………………………… (142)
参考文献…………………………………………… (144)

第一章　概　述

食用菌自古以来就被人们誉为“山珍”，如今被世界各国人们称为“绿色食品”、“保健食品”而受到广大消费者青睐。我国食用菌的产业基础好，产量、产值、出口创汇均居世界前列，而且栽培品种比较齐全，自然条件优越，可以周年生产，食用菌栽培技术在世界上也处于领先地位，产品在国际市场上占有重要的份额。食用菌将成为21世纪人类的主要食品之一，这将为我国食用菌产品消费创造更为广阔的市场。我国加入世界贸易组织后，食用菌产品的出口环境得到了很大改善，食用菌生产将成为一种十分有利于我国经济发展的产业。我国食用菌生产的指导思想是：坚持以市场为导向，以产品质量为中心，稳定发展大宗食用菌生产，大力开发珍稀菌类、药用菌类；狠抓食用菌基地建设，扶持发展龙头企业，培植品牌产品，加大食用菌深加工和系列产品的研究开发力度；合理利用菌类资源，保护好生态环境，走可持续发展的循环经济道路。

秀珍菇(Pleurotus geesteranus)又名环柄香菇(图1)、环柄侧耳、黄白侧耳、环柄斗菇、姬平菇和小平菇，别名印度鲍鱼菇、蚝菇，是凤尾菇、平菇的一个变种，在菌物分类学上属于真菌门、担子菌纲、伞菌目、侧耳科侧耳属。秀珍菇原产我国的台湾省，生长于罗氏大戟的腐朽树桩上。秀珍菇具有很强的腐生能力，可以在棉籽壳、玉米芯、稻草、麦秸、蔗渣、废棉、木屑等各种植物残渣上生长，很容易进行人工栽培。

秀珍菇是近年国际市场上一种食、药兼用的食用菌新品种。秀珍菇子实体肉质细嫩，口感脆嫩清爽，味道鲜美，营养丰富，富含人体必需的8种氨基酸和多种维生素及微量元素，颇受美食界、餐

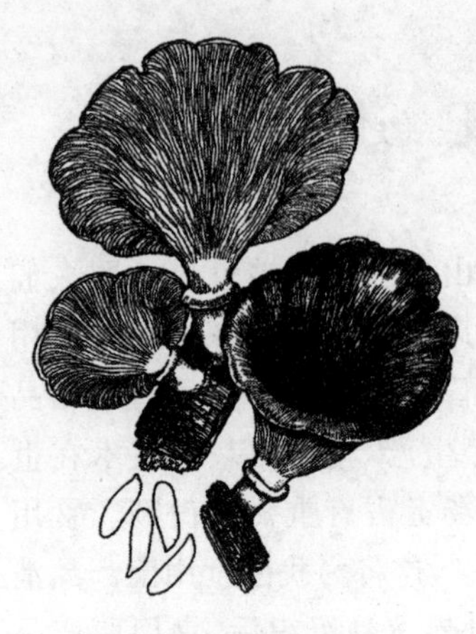

图1 环柄香菇

饮业的青睐，秀珍菇还含有丰富的蛋白质和多糖，含有17种以上氨基酸，对人体保健有良好的作用，是一种高蛋白、低脂肪的营养食品，具有广阔的商业化前景。秀珍菇于1998年由福建省罗源县率先从台湾省引进，在规模栽培方面取得一定成功。但在目前的国内市场上还有待于进一步开发利用和推广，逐步改进栽培技术，提高其产量和加工品质，扩大国内外销路，以进一步发挥其药用价值和保健价值。

本书根据我国地域辽阔、南北气候变化大的特点，从农业生产因地制宜的原则出发，详尽地介绍了的各种栽培模式，尤其对秀珍菇的反季节栽培做了深入细致的介绍。全书内容包括：概述；秀珍菇的经济价值；秀珍菇的生物学特性；秀珍菇的菌种生产技术；秀珍菇的栽培技术；秀珍菇的贮藏保鲜及产品加工方法；秀珍菇的病虫害防治、共七章。书中内容丰富，知识全面，栽培技术实用。适合食用菌制种厂、食用菌生产场、食用菌专业户、食用菌深加工企业、菇菌休闲食品研究者生产者、部队农副业生产人员、农业技术员、相关大专院校的师生阅读参考。

第二章　秀珍菇的价值

第一节　秀珍菇营养价值

秀珍菇是一种含有丰富多糖、维生素、矿物质、食物纤维、不饱和脂肪酸和蛋白质的食用真菌。它不仅营养丰富，而且味道鲜美，蛋白质含量比双孢蘑菇、香菇、草菇更高，秀珍菇质地细嫩，纤维含量少；据福建省农业科学院土壤肥料研究所测定，秀珍菇新鲜子实体含水分 85%～87%，鲜菇中含蛋白质 3.65%～3.88%、粗脂肪 1.13%～1.18%、还原糖 0.87%～1.8%、糖分 23.94%～34.87%、木质素 2.64%、纤维素 12.85%、果胶 0.14%，还含有纤维素、矿物质等。秀珍菇的蛋白质含量接近于肉类，比一般蔬菜高 3～6 倍，含有 17 种以上氨基酸，更为可贵的是，它含有人体自身不能合成，而肉食中通常又缺乏的苏氨酸、赖氨酸、亮氨酸等。干菇中粗蛋白质含量为 40%～50%、多糖类 38%～45%、纤维素 6%～8%、粗灰分 5%～7%、粗脂肪 3%～4%、维生素 $B_1$0.3%、维生素 $B_2$3.2%、烟酸 49.2%。矿质元素组成：磷(P)7486 毫克/千克、镁(Mg)528 毫克/千克、钙(Ca)157 毫克/千克、钠(Na)118 毫克/千克、铜(Cu)14 毫克/千克、硼(B)9 毫克/千克、锌(Zn)9 毫克/千克、铁(Fe)6 毫克/千克、锰(Mn)0.1 毫克/千克。

由此可见，秀珍菇是一种高蛋白、低脂肪的菌类营养食品，它鲜美可口，具有独特的风味，美其名曰“天然味精菇”。

秀珍菇的营养价值相当于牛奶。鲜菇中蛋白质含量较丰富，氨基酸种类较多，且含有人体必需的 8 种氨基酸。子实体中含有 18 种氨基酸，总量为 30.87%，其中人体必需氨基酸占总氨基酸的

42.8%(E/T=0.387)。干菌丝体中氨基酸含量为21.37%,其中必需氨基酸占氨基酸重量的39.7%(表1-1)。可见秀珍菇子实体中氨基酸含量高于其菌丝体含量。

表1-1 秀珍菇的氨基酸成分含量 (%)

氨基酸	含量		氨基酸	含量	
	子实体	菌丝体		子实体	菌丝体
天门冬氨酸	2.806	2.130	蛋氨酸	1.798	0.44
苏氨酸	1.460	1.133	异亮氨酸	1.596	0.972
丝氨酸	1.470	1.114	酪氨酸	0.962	1.051
谷氨酸	7.041	2.839	苯丙氨酸	1.142	1.007
脯氨酸	0.742	0.764	赖氨酸	1.641	1.209
甘氨酸	1.450	0.874	色氨酸	0.381	0.167
丙氨酸	2.102	1.313	组氨酸	0.593	0.508
半胱氨酸	0.183	0.966	精氨酸	1.844	1.268
缬氨酸	1.472	2.088			

注:①子实体氨基酸含量情况引自种藏文. 食用菌学报. 1999.6(2)

②菌丝体氨基酸含量情况引自杨梅等. 食用菌. 1998.2

秀珍菇多糖已作为保健品被人们服用。在日本、美国、巴西等国有大量的与有关的保健食品,如从子实体中提取的多糖制成的胶囊和将子实体进行粉碎后制成的代茶冲泡饮料等。但是,秀珍菇的菌丝体培养困难,产量有限,远不能满足市场的需求。所以用液体发酵技术深层培养的方法大规模生产秀珍菇的菌丝体及其发酵液,并做成各种口服液,具有很大的市场潜力,成为产品开发的另一个热点。

第二节 秀珍菇药用价值

秀珍菇属于营养高，热量低的健康食品，含有蛋白质、糖分、脂肪、维生素、铁和钙等。其中含有的人体所必需的8种氨基酸，长期食用有降低高血压和胆固醇的功能。其他成分，如核酸、外源凝集素、甾醇、脂肪酸和多糖等物质具有抗肿瘤的效用。日本国际健康科学研究所所长冈本丈先生曾称秀珍菇提取物是“地球上肿瘤患者最后的食物”。

一、核 酸

在用亲和色层析法精制所得到的FA-2-b-β为酸性RNA-蛋白复合物。经ICR/JCL雌性小白鼠肿瘤移植后腹腔注射试验，3周后对移植肉瘤180的肿瘤抑制率达85.8%，6周肿瘤完全消失率为33.3%，具有明显的抗肿瘤活性。

二、外源凝集素

从秀珍菇子实体中分离的红血球凝集素有2种外源凝集素NA-aff-ABL和N-aff-ABL。这2种外源凝集素被认为有宿主中介的抗肿瘤活性。

三、甾 醇 类

从秀珍菇子实体的丙酮提取物中单独分离出6种甾醇，已发现其中3种对子宫颈癌(Hela)细胞有抑制细胞增殖的作用。

四、脂 质

用Folch等人的方法提取出来的秀珍菇子实体的脂质组分(亚油酸，油酸，硬脂酸)通过腹腔注射的方法，已证明具有使小白鼠艾氏腹水癌完全消失的效果。

五、多　糖

从新鲜的或干的秀珍菇子实体中都可提取到有明显抗肿瘤活性的多糖物质。经热水提取的β-葡聚糖有增强人体精力的功效，并有较强的抗癌活性，能抑制肿瘤细胞的生长，对致癌物质进行吸收、排泄，具有抗肿瘤作用。还具有降血糖、降胆固醇、改善糖尿病、改善动脉硬化的作用。日本东京大学医学部、日本国立癌中心研究所、日本三重大学医学部、东京药科大学用已知有药效的14种食用菌多糖与秀珍菇多糖进行抗肿瘤实验，同等条件下，秀珍菇多糖用量小，抗肿瘤作用居首位。

已知秀珍菇的高抗癌活性，用它的子实体、菌丝体、发酵液进行抗癌物质的提取并做成各种剂型的抗癌药物，将会是人类以后的一个研究热点。目前，美国已有秀珍菇子实体制成的干粉胶囊面市，在日本、墨西哥等地，也已被医院用于癌症的治疗。

我国对秀珍姑多糖的研究起步很晚，大多限于固体栽培条件的探索。近年来，我国一些学者也开始对秀珍菇多糖的提取方法、液体发酵和生物活性进行初步研究。并开发出口服液、颗粒剂等产品，但种类较少。今后一个时期我国在研究开发秀珍菇品种时应注重以下几个方面。

①通过基因标记、基因定位为辅助手段，加强以提高秀珍菇子实体或深层发酵菌丝体有效活性成分含量为目的的定向高产菌株的筛选。

②进一步明确有效成分作用的机制。

③探讨秀珍菇多糖提取工艺，降低生产成本，开发特色产品，满足各层次消费者的需求，使其得到全方位的合理开发。

第三章　秀珍菇的生物学特性

第一节　秀珍菇的分类地位及形态特征

秀珍菇(Plevritis geesteranus)在分类学上属于真菌门、担子菌纲、伞菌目、侧耳科、侧耳属。秀珍菇名称来源于我国的台湾省，它不同于普通的凤尾菇是因为菇型较小，柄长 5～6 厘米，菌盖直径<3 厘米，见图 3-1。

图 3-1　秀珍菇

一、子实体形态特征

秀珍菇子实体由菌盖、菌褶、菌柄组成，多为丛生，少有单生。菌盖扇形、肾形、椭圆形、扁半球形，后渐平展，基部不下凹，成熟时常呈波曲形，盖缘薄，初内卷、后反卷，有或无后缘，横径 3～3.5 厘米或更大达 4 厘米，灰白、灰褐、表面光滑、菌肉厚度中等，白色；菌褶延生、白色、狭窄、密集、不等长，髓部近缠绕形；菌柄白色，多数侧生，间有中央生，上粗下细，宽 0.4～3.5 厘米或更粗，长 2～6 厘米，基部无茸毛，见图 3-2。

图 3-2　秀珍菇子实体特征

二、菌丝体形态特征

秀珍菇菌丝体由担孢子萌发生成，分枝分隔的丝状体。菌丝分为单核菌丝，双核菌丝和结实性双核菌丝（产生子实体的菌丝）。菌丝粗壮，生长速度快，抗杂菌能力强。当菌丝体达到生理成熟阶段、条件适宜时，便形成子实体。

秀珍菇菌丝灰白色，粗壮，管状，有时有索状菌丝，有横隔，分枝。单核菌丝是由一个孢子萌发而成的，每个细胞内只有一个核，无锁状联合，其外观形态与双核菌丝无明显区别，不结实，不能作菌种使用。双核菌丝每个细胞内含两个核，具锁状联合，结实，是生产菌种用的菌丝体，见图 3-3。

第二节　秀珍菇的生长发育及其生长发育条件

一、秀珍菇的生长发育

在秀珍菇的生活史（生活周期）中，包括两个生长阶段，即营养生长阶段（菌丝体生长阶段）和生殖生长阶段（子实体生长阶段）。

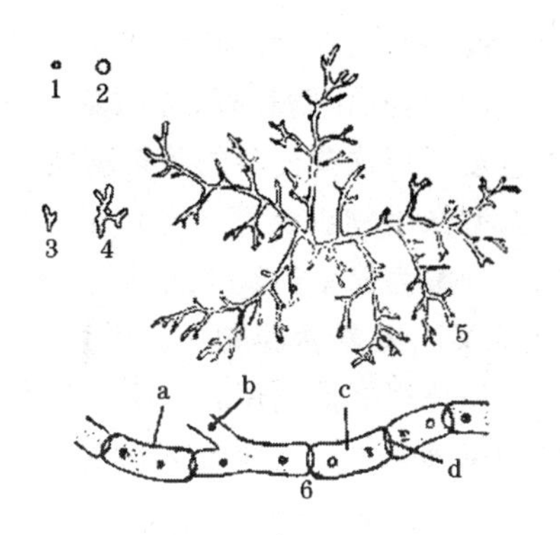

图 3-3 秀珍菇的菌丝体形态特征

1. 孢子 2. 孢子膨大 3. 孢子萌发 4. 菌丝分枝 5. 菌丝体 6. 放大的菌丝体

a. 细胞壁 b. 细胞核 c. 细胞质 d. 细胞隔膜

在秀珍菇栽培中，营养生长阶段包括母种、原种、栽培种、料内养菌等过程。在生殖生长阶段，菌丝体形成大的子实体，是秀珍菇栽培的收获期。子实体成熟后，释放大量的孢子。孢子在适宜的环境中萌发，进入新一轮营养生长期。

秀珍菇菌丝生长到一定量时，在适宜的外界条件下，就扭结形成原基。原基初为白色点状，随后分化发育成子实体。初期子实体卵圆形，肉质。随着子实体的生长壮大，出现菌盖和菌柄，菌盖灰白色，柄白色。随后菌盖展开呈半圆形，菌褶裸露，当菌盖全部展开孢子开始弹射。弹射结束后，子实体萎缩腐烂。

二、秀珍菇的生长发育条件

(一)营　养

秀珍菇是一种木腐菌。生长所需的营养大致可分为碳源、氮源、矿质元素和生长因子等。其中碳源和氮源为主要营养物质。

1. *碳源*　碳源又叫碳素营养物质。秀珍菇是一种腐生菌，利用的碳源广泛，如各种糖、淀粉、纤维素、木质素等，但不能利用可溶性淀粉，主要分解利用农作物秸秆，如稻草、麦秸、玉米秆、棉籽皮和木屑。不能直接利用这些复杂的碳素物质，需经过堆制发酵，借助嗜热性和中温型微生物以及菌丝分泌的酶的作用，将纤维素等复杂有机碳化物分解为简单的碳素物质后，才能被吸收利用。

2. *氮源*　氮源又叫氮素营养物质。秀珍菇不能直接吸收蛋白质，同化硝酸盐，但能很好地利用其水解产物氨基酸、蛋白胨等，畜禽粪便是主要的氮素来源。在堆制发酵过程中，堆肥中的氨被微生物转化为菌体蛋白质，为其提供良好的氮源。不仅要提供丰富的碳源和氮源，还要按碳源和氮源的一定比例（碳氮比）吸收利用这两大营养要素。据研究，秀珍菇子实体分化和发育要求的最适碳氮比例是17∶1。按这个要求，在建堆时原材料的碳氮比应满足30～33∶1为宜。若配料的氮素不足，会影响产量，氮素过多又会造成浪费。

3. *矿质元素*　秀珍菇生长还需要吸收利用一些矿质元素，如钾、磷、镁、钙、铁、锌和锰等，其中磷、钾、镁三种元素最重要。这些元素是细胞代谢中不可缺少的活化剂。在生产上，常用的无机盐类物质主要有磷酸氢二钾、磷酸二氢钾、硫酸镁、硫酸钙、硫酸亚铁、硫酸锌、氯化锰、碳酸钙和过磷酸钙等。

4. *生长素*　秀珍菇在生长发育过程中，需要某些生长素参与代谢活动，如硫胺素、核黄素、泛酸、叶酸、烟酸和吡哆醇等生物素。其中以硫胺素最为重要，因自身不能合成，需从外界吸收利用。

（二）生长环境条件

秀珍菇菌丝的生长和子实体的生长发育，均受外界条件的影响，如温度、水分和湿度、光照、空气、酸碱度等。

1. *温度*　一般来说，秀珍菇在菌丝体和子实体两个阶段对温度的要求不同。秀珍菇菌丝体繁殖阶段比子实体生长阶段要求的温度要高。菌丝生长温度范围是3℃～28℃，最适温度是22℃～25℃，在温度37℃时菌丝即停止生长。菇蕾分化温度是8℃～28℃；子实体发育最适温度为15℃～25℃。低温时菇体质量好，但生长慢；高温时生长快，但质量差。南方地区适宜秋、冬季或春季利用庭院及闲置房栽培，防空洞、废弃砖瓦窑厂或大型溶洞均可周年栽培秀珍菇；北方地区可春季和夏季栽培、秋天可利用半地下大棚栽培秀珍菇。

2. 水分和湿度　秀珍菇生长中所需要的水分来自培养料和空气中的水蒸气。因此，它包含两方面：一是指培养料的基本含水量。栽培基质料水比在1∶1.2～1.4，菌丝体均能生长，最适料水比为1∶1.4。含水量的测定可以使用含水量测试仪进行检测。另一方面是指空间的湿度，秀珍菇子实体发育时，菇房里面的空气相对湿度为80%～95%，最适宜的空气相对湿度为75%～85%。生产中可把培养料含水率调至60%以上；发菌期间菇棚内相对空气湿度70%，出菇阶段可调至85%～90%，空间湿度测量可以使用空气湿度测量仪测定。

3. 光线　秀珍菇菌丝生长不需要光线，直射光易对菌丝体造成损伤，甚至导致自溶。秀珍菇子实体发育也不能有直射光线照射，直射光影响秀珍菇子实体的品质，但少量的微光有助于子实体的形成。在生产上发菌期间应予以闭光培养，秀珍菇子实体生长期间允许微弱的散射光照射。可掌握光照度在500～1 000勒克斯，不可过强，尤其不能有直射光照射。

4. 空气　秀珍菇是一种好气性真菌，菌丝生长和子实体发育都需要新鲜空气，子实体发生时需要大量新鲜空气，二氧化碳浓度超过0.5%时，将会影响其菌丝体生长和子实体发育。发菌阶段应将菇棚内二氧化碳浓度控制在0.3%以下，出菇阶段应调控至0.1%以内，尤其子实体膨大期，一定要保持菇棚内空气清新，人进入菇棚内几乎感觉不出食用菌的特殊气味，更不能有诸如氨味、臭味等气体。但如果管理精细的话,可在幼菇阶段菌盖直径大于或等于2厘米时,适当提高棚内二氧化碳浓度至0.15%~0.25%,并维持2天左右,可有效提高其长速,菇体膨大迅速、色泽鲜亮。但该法如掌握不好浓度和时间,结果将会适得其反,又如过早实行该法,易造成菇蕾的二氧化碳中毒现象等。因此,在尚未具备条件的情况下,还是提倡保持棚内空气新鲜为好。

5. 酸碱度 秀珍菇菌丝体在培养基pH值4.5~7都能生长,最适pH值为5.8~6.2。培养料的pH值在5~8范围内皆可生长,最适pH值为6。生产上秀珍菇菌丝体可在pH值为4~6的基质中生长,一般配料时可将pH值调至7,经过发菌阶段后,培养料pH值被菌丝体自动调至6左右,此时恰好合适。

第四章　秀珍菇菌种生产技术

菌种是人工培育出来供进一步繁殖用的、保存在培养基上的纯菌丝体。优质的菌种，菌丝生长快，整齐粗壮、浓密，无杂菌污染，抗逆性强，生长出来的子实体产量高，质量好。使用优质的菌种，是生产上获得高产优质的关键。在自然界里，食用菌都不是单独存在的，而是和许多细菌、放射菌、霉菌等生活在一起的。所谓菌种分离，就是把这些和食用菌一起生活的杂菌分离出去，通过培养，获得纯的优良菌种。按生产方式和用途的不同，菌种分为母种、原种和栽培种三种类型。

一、母　种

母种又叫一级菌种或试管种。是取子实体上的组织块或孢子，放在培养基上萌发出来的、并经过试验证明是优良的菌种，它是用来繁殖菌种的种源，是用试管装入培养基培养的纯菌丝。因其体积小，数量少，不能直接用于生产，只能作扩大繁殖菌种使用。母种又可分为原原种和代传种，原原种是最初获得的纯菌丝体，采取有效方法保藏，并严格控制传代次数的菌种，而且是保存在选育单位或专业菌种保藏机构的菌种。传代种，是由原原种转接多次培养出来的、供生产原种用的菌种。

二、原　种

原种又叫二级菌种。是将母种转接到由农作物棉籽壳、稻草、麦秸、玉米、小麦、小米、木屑等的培养基上繁殖而成的菌种。一般是用玻璃瓶或者聚丙烯塑料瓶装培养基培养的菌种，见图 4-1。原种也是作扩大繁殖用的菌种，只是数量较少，成本较高，不利于作大面积生产使用，所以需要继续扩大繁殖，降低生产成本。

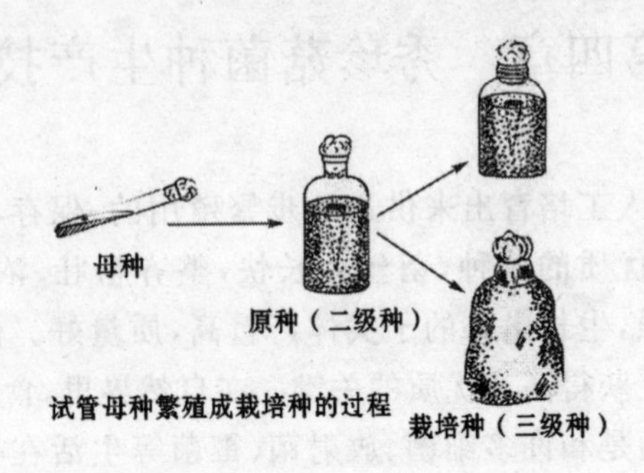

图 4-1　秀珍菇母种到栽培种的繁殖过程

三、栽培种

栽培种，又叫三级菌种。就是将原种转接到由农作物发酵后的培养基上进行繁殖；或者将麦粒、谷粒灭菌处理后将原种转接到其上面繁殖的菌种，用玻璃瓶或耐高压的聚丙烯塑料袋装培养基，经过灭菌处理后来生产繁殖的菌种。秀珍菇菌种生产工艺流程可参考图 4-2 进行。

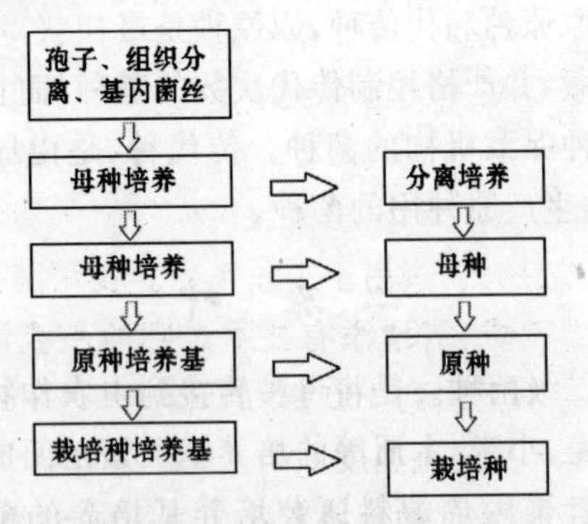

图 4-2　秀珍菇菌种生产工艺流程

第一节　秀珍菇菌种生产的物质准备

一、制种室的布局及条件要求

菌种生产要求在无菌条件下进行接种操作，需要有相应的生产设备和设施条件，并且布局要合理。只有这样，才能有效地避免和控制杂菌污染，提高菌种的成品率，生产出优质的菌种。具体要求是，既要因地制宜，又要科学合理，还要便于操作管理。

（一）制种室的布局

进行接种操作的相对洁净区域或房间叫无菌室或叫接种室。无菌室的面积一般为4～6米^2、高2～2.2米。要达到一定的无菌程度，室内地面、墙壁平整光滑，水泥墙面涂刷油漆或防水、防霉涂料，也可装贴塑面板和杀菌瓷面砖。无菌室的门要和工作台保持一定距离，通常采用左右移动推拉门。有条件的购置超净工作台，使用超净工作台接种效果会更好。

（二）制种室的基本要求

用化学灭菌消毒的无菌室称为化学灭菌无菌室。食用菌栽培大多数采用这类无菌室。用过滤空气净化环境的无菌室或者用机械、物理灭菌的无菌室，称洁净室。洁净气流分层流式和乱流式两种，乱流式洁净级别低，多用于工业生产。食用菌接种室常在旧建筑里面进行改造而成，需增添有技术走廊的乱流洁净室。一般工作区要求空气洁净度达到100级，温度20℃～25℃，空气相对湿度50%～65%，水平层流速度0.3～0.5米/秒。

1. 无菌箱及无菌室的消毒灭菌　无菌箱的消毒灭菌，可采取以下几种方法。

(1)甲醛和高锰酸钾混合熏蒸　一般每平方米需40%甲醛10毫升、高锰酸钾8克。使用时,首先密闭门窗,用量杯量好甲醛溶液,盛入容器中,然后倒入称量好的高锰酸钾,工作人员随之离开接种室,关紧房门,熏蒸20～30分钟即可。

(2)0.1%升汞水消毒　用0.1%升汞水浸过的纱布或海绵进行揩擦接种箱内外,或用喷雾器喷雾灭菌,使箱内的上下左右以及每个角落都沾上升汞水。把袖子卷起来,双手也可用升汞水消毒。喷雾后20～30分钟接种箱内的杂菌会被杀死,杂菌和雾滴一起落到箱底,接种箱内部的空气就变得很清洁。

(3)紫外线照射灭菌　在接种箱中装一支200伏、30瓦的紫外线灯管;每次开20～30分钟,就能达到空间杀菌的目的。照射结束后,将接种箱罩黑布半小时,可增强杀菌效果。

(4)用石炭酸溶液喷雾　每次接种之前,用5%石炭酸溶液喷雾,可促使空气中的微粒和杂菌沉降,防止桌面微尘飞扬,并有杀菌作用。

(5)用石灰水揩擦　经常用药物熏蒸,易造成酸性环境,特别是用甲醛和高锰酸钾熏蒸越久,污染往往越来越严重,可把各种药品交替使用,过一段时间(约5周)用石灰水擦洗一遍。

2. 无菌室使用注意事项　无菌室使用方法无固定程序,但按一般操作应遵循如下规程。

①接种室内和缓冲室内使用前,用5%石炭酸溶液喷雾。把所需要的器材搬入缓冲室清洗,等晒干后搬入接种室,打开紫外线灯,照射杀菌。

②技术员穿上工作服、戴好无菌工作帽、穿好鞋袜,然后用肥皂液洗手2分钟。进入接种室后,查验器械是否放在一定位置。然后用5%石炭酸溶液重点在工作台的上方和附近的地面上喷雾,再退回缓冲室。还可在接种室门口地面撒一层石灰,进门时脚踩石灰可使鞋底保持无杂菌状态。

③接种操作前，用70%酒精棉球擦手。进行无菌操作时，要严格认真，动作轻捷，尽量减少空气流动。

④工作结束后，立即将台面收拾干净，不留残物。然后用5%石炭酸溶液全面喷洒。

⑤操作时，注意安全。如棉塞着火用手紧握即可熄灭。如打破菌瓶，可用抹布蘸5%石炭酸溶液，收拾到废物桶内。每次的污染物应小心放在盘内，盖严拿出室外深埋或烧掉。

无菌室灭菌效果检验方法

在无菌室内一定高度放置若干葡萄糖琼脂培养液玻璃皿，顺次打开皿盖5分钟，然后盖上皿盖，连同对照的玻璃皿一起放置到温度为30℃的培养箱中培养3天，观察菌落数。每个玻璃皿内杂菌菌落数超过3个为不合格。若有不合格的，应检查重来，直到合格为止。

3. 培养基的种类及制备　秀珍菇栽培如同农作物需要土壤、肥料，动物需要饲料一样，秀珍菇生长也需要一定的营养物质。根据秀珍菇生长时对营养物质的需求，用人工方法配制而成的营养基质，供菌丝生长发育。我们把这种营养物质叫培养基。

目前，人们使用的培养基相当多，种类各不相同。但不论哪种培养基都有共同特点：一般都含有水分、碳源、氮源、无机盐以及生长因子等。水分是秀珍菇的组成成分，秀珍菇在生理活动中，需要在有水的情况下进行。

碳源是构成细胞物质的主要元素，也是秀珍菇生长所需能量来源。碳源的主要原料是糖类、淀粉、纤维素物质。代表物质是葡萄糖、蔗糖、玉米粉、麦麸皮、米糠、木屑、棉籽壳等。

氮源是秀珍菇细胞质和细胞核中蛋白质和核酸的主要元素，蛋白质和核酸是生命的基本物质。一切生命活动都离不开这些物质。氮源主要有氨基酸、蛋白胨、尿素、硫酸铵等。含有氮素的物质有玉米、棉籽壳等。

培养基中的无机盐虽用量不多,但不可缺少。它主要是酶类的组成成分,调节各种生命代谢活动。如磷酸二氢钾、硫酸镁。

生长因子需要量很少,是培养基中的特殊营养物质,它是维持秀珍菇正常生长所不可缺少的生长因素。如马铃薯、麦麸皮、米糠等都含有丰富的生长因子,维生素属此类。

(1)培养基的种类　根据营养物质的来源,我们进行了细致的分类,把所有培养基分成三大类:

①天然培养基　天然培养基是利用天然的有机物配制而成的培养基。这种培养基来源广,成本低,很适合实际生产。特别具备营养丰富、制备方便、经济实用等优点。但它们成分不能定量,每批成分也不稳定,因此不宜用来进行精确的科学实验。

常用的天然培养基,有马铃薯培养基、麦芽汁培养基、杏汁培养基、苹果培养基、麦芽培养基、堆肥培养基等。

②半合成培养基　半合成培养基是在天然培养基中,适当增加无机盐类,或在合成培养基中添加少量其他有机物,成为半合成培养基,介于天然培养基和合成培养基之间。主要目的是促进菌丝生长发育。

③合成培养基　合成培养基是用化学成分已知的有机物或无机物配制而成的培养基。由于各种化学成分已经清楚,容易控制,所以适合某些定性和定量研究。

(2)母种培养基的制备

①马铃薯、蔗糖、琼脂培养基,简称(PDA)培养基

配方:马铃薯煮汁 1 000 毫升、蔗糖 20 克、琼脂 20 克、pH 值 5.5～6。

制作方法:先将新鲜无病害的马铃薯洗净,去皮后切成小薄片,称重 200 克,加水 1 000 毫升,煮沸 20 分钟后过滤,其滤汁为马铃薯煮汁。然后加琼脂和蔗糖煮溶,后补足水分至 1 000 毫升,分装试管(瓶)灭菌后待用。一般食用菌母种的分离和培养都适合此

培养基。

②葡萄糖、麦芽膏、酵母膏培养基，简称(GMY)培养基

配方：麦芽膏10克、葡萄糖11克、酵母膏4克、琼脂18克，水加至1 000毫升，pH值自然。

制作方法：麦芽膏可用麦芽汁代替，10克麦芽膏可用18克勃力克司浓度的麦芽汁600毫升代替。依次将上述物品加入1 000毫升水中，充分搅拌使其溶解，然后分装到试管中，塞好硅胶塞或者棉塞，每10支1捆用牛皮纸包好，直立于高压蒸汽灭菌锅中进行灭菌处理待用。

③黄豆饼粉培养基

配方：黄豆饼粉40克、葡萄糖或蔗糖20克、琼脂18克、水1 000毫升，pH值自然。

制作方法：称黄豆饼粉40克用清水调成糊状，再加水1 000毫升，煮沸30分钟后，用4层纱布过滤，过滤后若液体不足1 000毫升用热水补足1 000毫升，再加入琼脂蔗糖溶化后即可分装试管。

④玉米粉培养基

配方：玉米粉30克、蛋白胨20克、蔗糖20克、琼脂18克，水1 000毫升，pH值自然。

制作方法：先将玉米粉放入1 000毫升水中搅拌，然后加热煮沸，用4层纱布过滤，过滤后滤液不足1 000毫升时，加热水补足至1 000毫升后，依次加入其他组分，搅拌均匀，使其各种物质充分溶解后，分装试管，灭菌待用。

⑤木汁麦麸(米糠)培养基

配方：木屑、麦麸(米糠)各100克、硫酸镁1克、蔗糖20克、琼脂20克，水1 000毫升，pH值5～6。

制作方法：将木屑用2层纱布包严煮沸20分钟后取出木屑包，补足1 000毫升水，然后加入麦麸(米糠)、硫酸镁、琼脂、蔗糖

拌匀溶化后分装试管即可。

⑥麦粒培养基

配方:小麦粒200克、白糖5克、碳酸钙15克、琼脂20克、水1 000毫升,pH值自然。

制作方法:取小麦200克洗净,置锅中加水1 000毫升,煮沸20分钟后,加入其他成分,再煮5分钟,用纱布过滤,将麦粒水汁分装至试管的1/3长度为好。然后装入高压蒸汽灭菌锅灭菌待用。

⑦杏汁培养基

配方:干杏仁25克、琼脂15～30克、水1 000毫升,pH值自然。

⑧胡萝卜培养基

配方:胡萝卜100克、蔗糖5～18克、琼脂20克、水1 000毫升。

⑨苹果培养基

配方:苹果(切片)100克、蛋白胨2克、蔗糖20克、琼脂20克、水1 000毫升。

⑩高粱培养基

配方:高粱粉30克、琼脂10克、水1 000毫升。

(3)原种和栽培种的培养基制备

①麦粒培养基

配方:浸湿蒸透的麦粒88%、木屑10%、石膏2%,含水量50%～60%。

②木屑培养基

配方:阔叶树木屑70%、麸皮27%、碳酸钙1%、蔗糖1%、石膏1%,含水量调至65%。

③棉籽壳培养基

配方:棉籽壳99%、石膏粉1%,含水量60%。

④玉米芯培养基

配方：玉米芯 99%、石膏粉 1%，含水量 60%。

⑤米糠培养基

配方：米糠 93%、麸皮 5%、石膏 1%、蔗糖 1%，含水量 60%。

⑥玉米粒培养基

配方：玉米粒 78%、木屑 20%、蔗糖 1%、石膏 1%，含水量 60%。

第二节　灭菌与消毒

在人类的生活工作环境中，包括空气、水、土壤、用具等到处都有微生物的存在，而在某些特殊的生产和科研中常常需要进行纯培养，这就必须利用灭菌消毒技术来达到纯培养的目的。因此，可以说灭菌消毒技术是培养研究特定微生物必不可少的先决条件。

人们根据对微生物的杀灭程度的不同，把杀菌这项工作分为 3 个等级，这就是灭菌、消毒和防腐。杀菌程度最高最彻底的技术是灭菌，它是采用物理或化学的方法，杀死物体上或环境中的一切微生物，包括营养体和孢子（芽孢），使物体和环境成无菌状态；采用同样的方法，只杀死物体表面有害微生物如病原菌及工具表面的菌类的技术称为消毒，常用的消毒技术一般只是杀死营养体而不能杀死孢子；用来防止或抑制微生物生长繁殖的技术称为防腐，防腐是一个抑菌过程。

对微生物来讲，死亡表现为失去了繁殖能力，即使再放到合适的环境中也不再繁殖。物理、化学因素对微生物的致死作用，通常以检查处理后的微生物能不能再繁殖为标准。不同微生物对各种物理、化学因素的敏感性不同，同一因素不同剂量对微生物的效应也不同，或灭菌，或只起到消毒、防腐作用。微生物的不同生理状态对物理、化学因素的抵抗力是不相同的，一般说营养体抗性较孢子弱，老龄的、休眠的细胞抗性强于幼龄的代谢旺盛的细胞。

一、常用的灭菌方法

培养基制备好后就要立即进行灭菌，将其中的杂菌杀死，然后才能接入我们所需要的纯菌种，进行培养。不论是母种分离时用的斜面培养基，还是原种、栽培种瓶装培养基或聚丙烯塑料袋装培养基，一般都采用热力灭菌法进行有效灭菌处理，除此之外还有紫外线灭菌法和臭氧灭菌法。

（一）高压蒸汽灭菌法

若是斜面试管培养基，应先用牛皮纸捆扎成捆，标明棉塞或者硅胶塞为上端部分，然后竖直放入高压蒸汽灭菌锅内，进行灭菌。在 1.5 千克/厘米^2 压力下维持 30 分钟，即可达到灭菌目的。开锅取试管时要等压力表指针回到零位，试管取出后趁热摆放成斜面，斜面夹角以 15°为好，试管培养基冷却后经检验无杂菌后，方可使用。若发现试管培养基有杂菌感染，须重新灭菌。

灭菌材料如是原种和栽培种培养基，应在 1.5 千克/厘米^2 压力保持 60～90 分钟，最好是保持灭菌 180 分钟，这样才能达到灭菌目的。达到所规定的时间后，应停火并逐渐排出蒸汽。待压力表的指针回到零位时，再把高压蒸汽灭菌锅的螺栓旋开，打开盖子，取出瓶子。停火排气时必须注意，排气阀不能一下子放大，要一点一点开，让压力表慢慢地回复到原位，然后再揭锅盖。如果排气过猛，锅内压力急速下降，会造成棉塞脱落和玻璃容器破损。

（二）常压蒸汽灭菌法

如不具备高压蒸汽灭菌锅，可用土蒸锅或蒸笼进行。在常压条件下，以 100℃的温度持续灭菌 6～8 小时，以杀死培养基中的各种杂菌。也可常压间歇灭菌 3 次。可先蒸 1 小时，然后隔 24 小时又如法蒸1次，连续3次，可达到灭菌目的。

培养基的灭菌效果要经常检验，是否灭菌彻底。一般情况下，灭菌后的培养基最好应放在要培养的温度下，空白培养1周，检查灭菌效果。如果在这一段时间内培养基没发生任何变化，则说明灭菌效果良好，可以使用；如果培养基在培养室空白培养期间，滋生杂菌，则说明灭菌不彻底，需要重新灭菌处理后，才能使用。

（三）紫外线灭菌灯

用于灭菌的紫外线灯装置叫紫外线灭菌灯。紫外线分长波紫外线和短波紫外线两种，长波紫外线用于保健治疗，短波紫外线用于灭菌。

1. 灭菌原理　紫外线灭菌是当微生物菌体被紫外线照射并吸收了紫外线后，引起细胞内的氨基酸、原浆蛋白、酯的化学变化，使细胞变性，从而导致细菌死亡。

2. 使用紫外线灭菌灯注意事项　紫外线属低能量的电磁辐射，穿透力很差，影响紫外线灭菌的因素有：

（1）空气中的尘粒与湿度　当空气中含800～900个/米^{3}尘粒时，灭菌效果降低20%～30%；当空气相对湿度由33%增至56%时，灭菌效果减为原来的1/3。

（2）环境温度　大多数灯管设计在25℃～40℃条件下工作，如果外界温度由27℃减低至4℃时，输出能量要减低65%～80%。

（3）紫外线对固体的穿透力　凡可见光不能穿透的物质，紫外线亦不能穿透。对聚氯乙烯薄膜开始可以透过30%以上，但是经6小时照射后，薄膜变性透过率<3%。因此，用紫外线灭菌、消毒仅限于被照射的物体表面和空气。

（4）紫外线灯管要保持清洁　灯管上的灰污、油渍会减弱紫外线辐射量，应经常用酒精纱布擦净，擦后更不能用手触摸。灯管使用寿命约 2 000 小时，必须定时更换。一般 10～30 米^2 的房间需 30 瓦紫外线灯一支，照射 30 分钟后，挂上遮光布 30 分钟效果更好，也可预防对人体的危害。

(四)臭氧发生器

1. 灭菌机制　臭氧能使有机物氧化分解，是很有效的灭菌剂。采用臭氧灭菌，因气体具扩散作用，密闭的箱室内部就会没有灭菌死角，所以灭菌速度比紫外线快 1～2 倍，比药物快 8～12 倍。臭氧灭菌无残毒，只需 30～40 分钟臭氧就能自行还原成氧气。对秀珍菇的生长和生育抑制也有效。

2. 常用机型　国产常用的臭氧灭菌器有 FCY 系列环境消毒灭菌器和 MQ 系列消毒灭菌器。SS-2801 系列空气净化器是通过空气高压电晕放电产生负离子和臭氧的设备，风速为 1～2 米/秒，适用于为接种室提供灭菌空气、菇房灭菌、食品短期保鲜、人防工程空气净化等。

二、常用消毒方法

(一)低温消毒

低温消毒又称巴斯德消毒法。根据著名科学家巴斯德所提出的原理：在 60℃～66℃的低温下可以把大部分营养细胞杀死，应用于秀珍菇培养料的后发酵过程，杀死有害秀珍菇的杂菌和害虫。

(二)沸水消毒

沸水消毒主要用于金属器具、针筒等的消毒。在沸水中烧煮 20～30 分钟，可杀死微生物的营养体，细胞芽孢则需要 1～2 小时才能杀死。若在水中加入 2%～5%石炭酸溶液少许，可大大缩短消毒时间。如加入 1%碳酸氢钠可提高水的沸点，加速芽孢的死亡，并能防止金属器械因烧煮而生锈。

(三)干燥消毒

干燥消毒是利用物质干燥使微生物失水，以达到杀菌或抑菌的目的。微生物细胞含有 70%～90%的水分，水在微生物生命活动中是不可缺少的物质，微生物失水后就会趋向死亡。人们常利用这一特性对食品、药品等作长期的保存。秀珍菇、草菇、香菇等各种菇类的干品，就是将新鲜的菇类经切片或将整菇通过脱水干燥，杀死不耐干燥的微生物，同时创造不适宜微生物生长的干燥环境条件，从而作较长时间的保存。

(四)渗透压消毒

渗透压消毒是利用高渗透压或低渗透压杀菌或抑菌的方法称渗透压消毒。常用高浓度盐水或糖溶液甚至晶体腌渍蔬菜、肉类及蜜饯等，通常用的盐溶液浓度为 20%左右，糖溶液浓度为 50%～70%。

(五)化学药剂消毒

化学药剂消毒是利用化学药剂进行杀菌或抑菌。下面介绍几类消毒药剂。

1. 35%甲醛水溶液($HCHO$)　又名福尔马林，能使蛋白质变性。用于培养室、无菌室的灭菌。

2. 0.1%的升汞水($HgCL_3$)　升汞水能使蛋白质变性，抑制酶类。其配制方法是称取升汞 0.1 克，用少许酒精溶解，再加水至 100 毫升即成。用于无菌箱、培养箱、培养皿四周表面以及手指的灭菌。

3. 石炭酸(C_6H_5OH)　5%浓度的石炭酸喷雾后，能使蛋白变性沉淀。石炭酸(苯酚)50 毫升，加水 950 毫升配成。用于工作服、实验桌的灭菌。杀菌效果同升汞。

4. 高锰酸钾($KMnO_4$)　高锰酸钾是氧化剂，0.1%浓度能使蛋白质与氨基酸氧化，失去酶的活性，能抑制或杀死杂菌，用于消毒。

5. 乙醇(C_2H_6OH)　乙醇又称酒精。消毒以75%浓度的效果最好，它能使蛋白质脱水变性。高浓度酒精会使蛋白质很快脱水凝固，消毒作用反而减弱。

6. 新洁尔灭　0.25%新洁尔灭用于无菌箱、无菌室的灭菌。一般新洁尔灭5%原液50毫升，加水950毫升配制而成。

7. 漂白粉水　取漂白粉10克，加水140毫升配成。通常在使用前临时配制，静置1～2小时，取上清液喷洒，进行室内消毒，每平方米用1毫升。

8. 2%硫酸铜溶液　硫酸铜(胆矾)2克，加水至100毫升加热溶解配成，用于床架、木架等各种菌种架的消毒。还可用5%硫酸铜溶液进行消毒。

9. 0.5%波尔多液　例如，施用0.5%浓度的半量式波尔多液，即用硫酸铜、石灰、水1∶0.5∶200配制波尔多液。在配制过程中，可按用水量一半溶化硫酸铜，另一半溶化生石灰，待完全溶化后，再将两者同时缓慢倒入备用的容器中，不断搅拌；也可用10%～20%的水溶化生石灰，80%～90%的水溶化硫酸铜，待其充分溶化后，将硫酸铜溶液缓慢倒入石灰乳中，边倒边搅拌使两液混合均匀即可，这种方法配成的波尔多液质量好，胶体性能强，不易沉淀。要注意切不可将石灰乳倒入硫酸铜溶液中，否则易发生沉淀，影响药效。0.5%波尔多液只用于菌种架、场地的消毒。

10. 多菌灵　多菌灵用于杀灭真菌、半知菌。1∶800倍拌料或1∶500倍喷洒均可。

11. 药皂　煤酚皂、硼酸皂等各种药皂的水溶液，均可用于器具、橡皮塞及手指的消毒。

第三节　秀珍菇母种、原种、栽培种、液体菌种制作技术

一、秀珍菇母种的分离培养

秀珍菇母种的分离，可分为孢子分离法、组织分离法以及基内菌丝分离法等。

（一）孢子分离法

孢子分离法，是用秀珍菇的有性孢子或无性孢子萌发成菌丝，培养成菌种的方法。这种菌种生活力较强，但孢子个体之间有差异，且自然分化现象较严重，变异大，需经出菇试验后才能在生产上应用。

1. *单孢分离法*　单孢分离法是每次或每支试管只取 1 个担孢子，让它萌发成菌丝体来获得纯菌种的方法。单孢分离技术复杂，生产上较少采用，一般采用多孢分离法。

2. *多孢分离法*　多孢分离法是把许多孢子接种在同一培养基上，让它们萌发、自由交配来获得秀珍菇纯菌种的一种方法。具体操作方法，有以下几种。

(1)*种菇孢子弹射法*　选择个体健壮、朵形美观、无病虫害、出菇均匀、高产稳产、适应性强的八九分成熟的种菇，切去大部分菌柄，留少部分菌柄用无菌水冲洗数次后再用已灭菌的纱布或脱脂棉、滤纸吸干表面水分。在接种箱或无菌室内，把种菇的菌褶朝下用铁丝倒挂在玻璃漏斗下面，漏斗倒盖在培养皿上面，上端小孔用棉花塞住。培养皿放在一个铺有纱布的搪瓷盘上，静置 12～20 小时，菌褶上的孢子就会散落在培养皿内，形成一层粉末状孢子印，用接种针蘸取少量孢子在试管中的琼脂外面或培养皿上划线接

种。待孢子萌发,生成菌落时,选孢子萌发早、长势好的菌落进行试管培养。

还可用孢子采集器收集孢子。方法是选好种菇后,按上述程序,轻轻掀开玻璃钟罩,将种菇柄朝下插在孢子采收器的钢丝架上,放在培养皿正中央。随即盖好玻璃罩,用纱布将钟罩周围塞好。并在纱布上倒少许升汞或无菌水。移入 20℃左右恒温箱培养,见图 4-3。

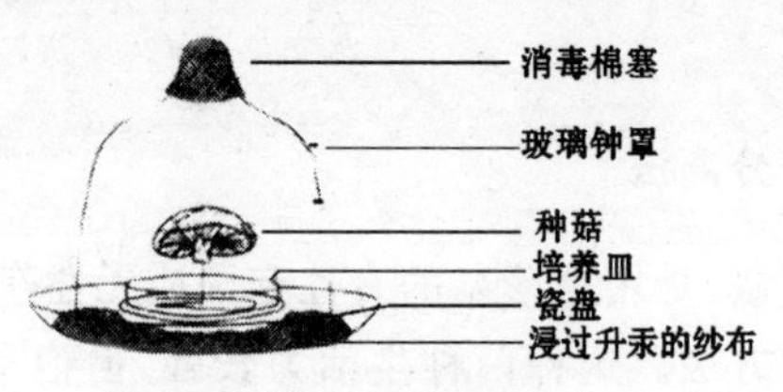

图 4-3 孢子收集器

(2)褶上涂抹法 褶上涂抹法是按无菌操作分离时,应选择成熟的种菇,用接种针直接插入褶片之间,轻轻抹取褶片表面子实体尚未弹射的孢子,再在培养基上划线接种。

(3)连续稀释法 连续稀释法见图 4-4。

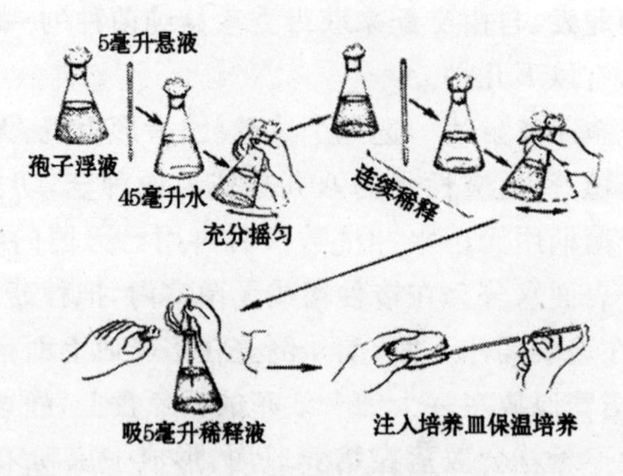

图 4-4 连续稀释法

(4)钩悬法　钩悬法是取成熟菌盖的几片菌褶，用无菌不锈钢丝(或铁丝、棉线等其他悬挂材料)悬挂于三角瓶内的培养基的上方，勿使接触到培养基或四周瓶壁。置适宜温度下培养、转接即可。

(5)贴附法　贴附法是按无菌操作方法将成熟的菌褶，用溶化的琼脂培养基或阿拉伯胶、浆糊等贴附在斜面培养基正上方的试管壁上。经6～12小时的培养，待孢子落在斜面上，立即把孢子连同部分琼脂培养基移植到新的试管中培养即可。

孢子分离得到的母种，必须进一步提纯复壮。当母种定植1周左右，菌丝布满斜面时，选择菌丝健壮、生长旺盛无老化、无感染杂菌的母种试管，进而转管扩大，一般从母种试管到栽培种，转管不宜超过5次。另外还要通过出菇试验，鉴定为优质菌种后，才可供生产使用。孢子分离得到的母种没有做出菇试验，不能用于大规模生产。

一般菌类如秀珍菇、平菇、凤尾菇、姬菇、香菇、木耳和草菇等，都可用多孢分离法获得母种。

(二)组织分离培养法

组织分离培养法是利用菌类子实体内部组织，进行无性繁殖而获得母种的简便方法，该法操作简便，菌丝生长发育快，品种特性易保存下来，特别是杂交育种后，优良菌株用组织分离法能使遗传特性稳定下来。常采用以下分离方法，见图4-5。

1. 子实体组织分离法　种菇要选朵大盖厚，柄短，八九分成熟的优良品种。切去菇柄基部，在无菌箱内用0.1%升汞水浸几分钟，再用无菌水冲洗并揩干或用75%酒精棉球擦拭菌盖与菌柄2次，进行表面消毒。接种时，只要将种菇撕开，在菌盖和菌柄交界处或菌褶处，挑取一小块组织，移接到PDA培养基上。置25℃左右温度下培养3～5天，就可以看到组织上产生白色绒毛状菌丝,转管扩大即得到母种菌种。

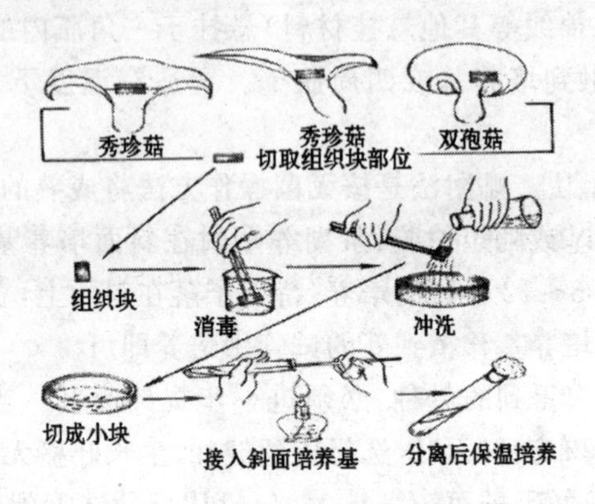

图 4-5 组织分离法培养过程

2. 菌核组织分离法 茯苓、猪苓、雷丸等菌的子实体不易采集,常见的是它储藏营养的菌核。要想获得菌种,必须用菌核分离,同样可以获得母种菌种。方法是将菌核表面洗净,用酒精或升汞溶液消毒后,切开菌核,取中间组织一小块,约黄豆粒大小,接种在 PDA 培养基斜面上,置 25℃恒温箱内保温培养。应注意的是,菌核是储藏器官,大部分是多糖类物质,只含有少量的菌丝,因此挑取的组织块要大一些,如果组织块过小,则不易分离出菌种。

3. 菌索组织分离法 有一部分子实体不易找到,也没有菌核,可以用菌索进行分离,如蜜环菌、假蜜环菌。其操作方法是先用酒精或升汞溶液将菌索表面黑色皮层轻轻擦拭 2~3 次,然后去掉黑色外皮层(菌鞘),抽出白色菌髓部分,用无菌剪刀将菌髓剪一小段,接种在培养基上,在恒温箱中 25℃~28℃保温培养,即得该菌母种菌种。

菌索组织分离应注意事项:菌索分离时因菌索分离索比较细小,分离时极易污染杂菌,所以要严格精细操作。

(三)基内菌丝分离培养法

基内菌丝分离培养法是利用生育的基质作为分离材料，得到纯菌种的一种方法。

基内菌丝分离培养法适宜于只有在特定的季节出现，而且是朝生暮死，不易采得的子实体。基内分离法与组织分离法不同之处是，干燥的菇木或耳木中的菌丝常呈休眠状态，接种后有时并不立刻恢复生长。因此有必要保留较长的时间(约 1 个月)，以断定菌丝是否成活。基内菌丝分离法又可分为菌材中菌丝分离法(即菇木或耳木分离法)及土中菌丝分离法等。见图 4-6。

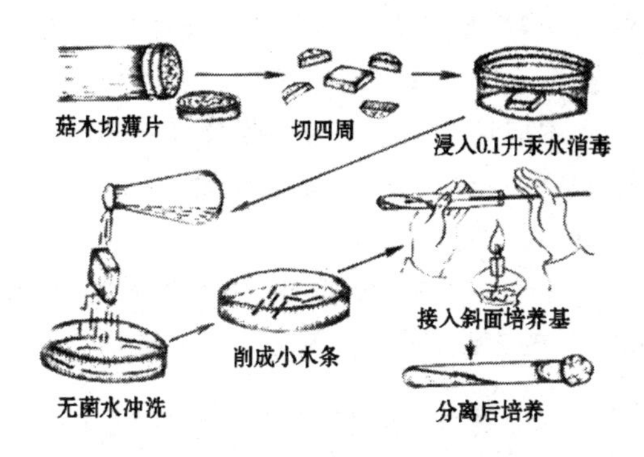

图 4-6　菇木分离法操作流程

1. 菌材中菌丝分离法　基内菌丝分离培养法又称菇木或耳木分离法。为了减少杂菌的感染，菇木或者耳木在分离之前，必须进行无菌处理。可以将菇木或者耳木表面在酒精灯火焰上轻轻烧过，以烧死霉菌的孢子，再用 0.1%升汞水浸泡几分钟，然后用无菌水冲洗，最后用无菌滤纸吸干。接种块切取时应注意必须在该菌菌丝分布的范围内切取。因此，菌丝生长缓慢的种类应浅取，菌种生长快的种类可以深取。同时，还应根据菇菌的种类、木材质地、菇木或者耳木粗细、发育时间的长短来确定菌丝分布的范围。然后用一把利刀进行切取。接种块应尽量小些,以减少杂菌感染机会,提高菌种的纯度。接种块移到培养基上,放到适合菌丝生长的22℃～26℃的温室或恒温箱中培养,使菌丝恢复生长。

2. 土中菌丝分离法　食用菌种类很多,许多土生的食用菌,孢子不易萌发,组织分离也不易成功,用土中菌丝分离获得纯种的方法,叫土中菌丝分离法。

土中菌丝分离时要注意,由于土中菌丝体的周围生活着多种多样的土壤微生物,因此分离时必须尽可能避开这些微生物的干扰。尽可能挑取清洁菌丝束的尖端、不带杂物的菌丝接种,反复用无菌水冲洗。在培养基中加入一些抑制细菌生长的药物,如40微克/升链霉素或金霉素。如发现感染细菌,可以把菌落边缘的菌丝挑出来,接种到木屑培养基中。因细菌没有分解木质素的能力,所以在木屑培养基中不易扩展,只局限于接种处。待菌丝长出感染区后,就可以进行扩大提纯了。

3. 子实体基部分离法　从瓶栽、袋栽或大床栽培的子实体基部分离出新菌丝的方法,叫子实体基部分离法。

二、原种和栽培种制作技术

母种获得以后,为了满足菌种生产的需要,应选出优良、纯度高的母种进一步扩大为原种。

瓶装或袋装的原种培养基灭菌后,可送入灭过菌的接种箱内,待瓶中的培养基冷却至30℃以下,可按照无菌操作程序进行接种。

菌种瓶(袋)放入培养室时,要经常进行检查,一经发现杂菌污染,立即取出。培养成的原种,菌丝体必须健壮有力,紧贴瓶壁而不干缩,颜色纯正,具有一定清香味,生活力强,扩制成栽培种时吃料快。

栽培种就是将原种进一步扩大培养成三级种，它和原种的接种及培养方法相同。一般秀珍菇、平菇、金针菇、猴头菇、木耳、银耳的栽培种多用木屑、棉籽壳、小麦粒作培养基。

栽培种要求料块不脱水干缩，菌丝体健壮有力，颜色纯正，有清香味，无老化现象，无杂菌污染，有的菌种允许有少量原基，接入栽培料后，发菌快，长势好，生活力强。

(一)秀珍菇母种制作技术

一般采用 PDA 培养基

配方：去皮马铃薯 200 克、葡萄糖 20 克、琼脂 18～20 克、水 1 000 毫升。

制作方法：称取去皮马铃薯 200 克，洗净，切成不规则的、大小为 1～2 厘米的块，煮沸后再烧 15 分钟，以马铃薯酥而不烂为度。用 4 层纱布过滤，取滤液，放入 18 克琼脂，加热至琼脂完全溶化，再用 4 层纱布过滤。在滤液中加入葡萄糖 20 克，充分搅拌，加热溶化，趁热分装试管，分装量约为试管容量的 1/5。然后塞上棉塞或者硅胶塞，10 支试管 1 捆，用牛皮纸包好，标明上下端，在 151.6 千帕压力下灭菌 30 分钟。出锅后，稍为冷却，趁热摆斜面。用从可靠菌种提供处所获得的优良秀珍菇试管母种在无菌条件下扩接，一支试管种可扩接 6 支左右，接种完毕后，将试管斜面菌种放入 25℃恒温箱中恒温培养，7～10 天秀珍菇菌丝即可长满试管斜面培养基。

(二)秀珍菇原种制作技术

一般采用木屑米糠培养基。

配方：木屑 77.5%、米糠 20%、蔗糖 1%、石膏 1%、石灰 0.5%、含水量 60%～65%。

制作方法：先将蔗糖溶于少量水中，将木屑、米糠、石膏、石灰按比例称好，拌和均匀，把糖水加入清水中，倒入木屑料内，边加边搅拌，充分拌匀，然后装瓶，清洁瓶口和外部，塞好棉塞，装入高压蒸汽灭菌锅，在 151.6 千帕压力下灭菌 3 小时。灭菌结束后，待高压蒸汽灭菌锅压力表指针回到零时，打开锅盖，取出灭菌物送入接种箱等待接种，选长势良好、无污染秀珍菇母种，严格按无菌要求扩接，每支试管可扩接 4～6 瓶原种。接种完毕后将菌种瓶放入培养室，在 25℃环境下进行培养，4～6 周，秀珍菇菌丝即可长满全瓶。秀珍菇原种培养期间，要进行选杂操作，若发现有滋生杂菌的菌瓶，坚决检出烧掉，以免感染其他菌瓶。

(三)秀珍菇栽培种制作技术

秀珍菇栽培种一般采用谷粒培养基：小麦、黑麦、高粱、小米、玉米等均可作为谷粒制作秀珍菇栽培种培养基使用。

秀珍菇栽培种培养基配方：谷粒 96%、碳酸钙粉 2%、石膏粉 1%、石灰粉 1%。

制作方法：先将谷粒去除瘪粒、杂质，淘洗干净。取称好的谷粒，加水煮沸 15 分钟后，再于沸水中浸 15 分钟，滤掉水分，稍晾干。然后加入石膏粉、碳酸钙粉、石灰粉等微量元素搅拌均匀后装瓶。151.6 千帕压力下灭菌 3 小时，待高压蒸汽灭菌锅压力表指针回到零时再打开锅盖取出灭菌物，搬入接种室等待接种，选长势良好、无污染原种扩接，严格按无菌要求操作。接种后将菌瓶搬入养菌室，将养菌室温度调控到 25℃进行培养，4～6 周菌丝长满全瓶。原种在转接栽培种时，原种瓶口的一层菌丝体已经老化应除去不用。

三、液体菌种的简单培养

目前，用液体深层发酵法生产菌种，具有生产量大、周期短、菌龄整齐、成本低廉、接种方便等特点，是实现工厂化生产食用菌目标的要求。现将秀珍菇液体种培育过程简述于后，供参考。

液体深层发酵法生产菌种简言之就是将纯正优良的菌种，接入液体培养基（固体培养基不加凝固剂），使菌丝繁殖形成大量小菌球，然后将这种培养基拌入木屑或棉籽壳内，制成菌块，培养其形成子实体。原种、栽培种的制作也可采用此法。

培养液体菌种，可将培养液装入三角瓶中，约占空瓶的1/5。用摇瓶机（也称摇床）来摇晃振荡培养。摇瓶机有旋转式和往复式两种，一般多用往复式液体菌种摇瓶机进行摇瓶。

液体培养基可用马铃薯汁（加糖），麦芽汁配制，也可用玉米粉、豆饼粉、蔗糖、无机盐等配制。还可用混合液体培养基，适用于多种食用菌和药用菌的培养。秀珍菇液体菌种主要组分如下。

（一）秀珍菇液体菌种配方一

配方：豆饼粉2%、玉米粉1%、葡萄糖3%、酵母粉0.5%、磷酸二氢钾0.1%、碳酸钙0.2%、水1 000毫升，pH值自然。

制作方法：将上述配方依次溶解到1 000毫升热水中，然后用4层纱布过滤，过滤后若滤液不足1 000毫升，加纯净水补足滤液至1 000毫升，然后灌装到三角瓶中，塞好棉塞或硅胶塞，用牛皮纸包扎好瓶口，装入高压蒸汽灭菌锅，盖好锅盖，上紧高压灭菌锅螺栓，151.6千帕压力下灭菌30分钟。然后冷却接种培养。

（二）秀珍菇液体菌种配方二

配方：马铃薯200克、葡萄糖20克、磷酸二氢钾3克、硫酸镁1.5克、蛋白胨1.5克，水1 000毫升。

如果生产量较大，在三角瓶的基础上，逐级扩大至种子缸、发酵罐中进行液体深层通气发酵，产生大量液体菌种。但由于生产中要求设备繁多，技术性强，还需积极创造条件，实现秀珍菇液体菌种生产的现代化。

(1)秀珍菇的液体菌种培养方式以接种后先静置培养48小时,再振荡培养为宜。因静置培养可减少母种块与培养液的表面摩擦,加快种块菌丝萌发。

(2)秀珍菇的液体菌种培养液最适宜每升添加10克木屑;其次为每升添加50克玉米粉,同时减少100克马铃薯。

四、菌种质量的鉴定

生物学家说:"一粒种子可以改变世界"。秀珍菇菌种质量的好坏,决定栽培成功与失败。菌种质量鉴定最好的方法是做出菇试验,但是时间比较长。在购置菌种时,或在菌种生产中,如何能知道菌丝生长情况,快速判断菌种质量?优良菌种标准可归纳为:"纯、香、正、壮、润"五个字。检查时,打开瓶塞,从菌种瓶中部取出小块菌丝体,观察色泽,闻其气味,手捏料块检查其含水量,看是否符合上述标准要求。这里介绍几种鉴定菌种优劣的方法供菇友在生产中借鉴参考。

(一)肉眼观察

优良菌种菌丝浓白,绒状,粗壮密集,生长整齐,萌发速度快。

(二)显微镜检查

挑取少量菌丝,置显微镜下观察其形态,菌丝分枝、分隔、锁状联合情况,以及细胞膜的厚薄。

(三)培养观察

从菌种瓶中挑取小块菌丝体,接种斜面试管培养基上,置23℃～25℃恒温箱中培养,5周后检查菌种生长活力。如果菌丝生长旺盛,健壮浓密,长且整齐,则表示菌种的生长活力强。

(四)分块法

在桌面上放一张白纸，把菌龄相同的菌种从瓶内取出一大块，用手分成 2 块，再把 2 块分成 4 块，4 块分成 8 块，依次进行。优良菌种整块多，碎渣少。劣质菌种整块少，碎渣多。

(五)液体菌种鉴别

在三角瓶或发酵罐中培养 3～5 天后，如液面出现气泡，产生“油皮”、浑浊等现象，说明菌种本身带有杂菌。如菌块上浮，或迟迟才长出很薄的菌丝层，则说明菌种生活力弱。白块四周的菌丝生长快、浓白、棉絮状，菌球大小整齐，颜色晶莹剔透，表明菌种生活力强。

五、菌种生产过程中的杂菌防治

在生产秀珍菇菌种时，要时刻注意杂菌污染。以防为主，一旦发生杂菌感染，根治很不容易，所以整个制种过程都必须在无菌条件下进行。接种箱及所有分离、接种的用具、器皿等工具，都要进行严格的消毒灭菌。工作人员的双手要用消毒剂清洗，并穿戴好消过毒的工作服、防尘帽和口罩，动作要敏捷、准确，尽量不要讲话和随意走动，以防空气中的杂菌污染。

在分离母种时，选择出菇早、生活力强，第一潮菇是关键，因它生活力强，接种后迅速占领阵地，无杂菌侵入的机会。

菌种被污染的原因是多方面的，一般是灭菌不彻底所致，或因接种时无菌操作不严格、瓶盖不合适造成的。所以灭菌一定要彻底，最好在接种时将培养基置 25℃左右恒温箱中做效果检查，经 2 天培养不长杂菌，说明灭菌彻底，可以使用。

菌种污染杂菌的另一个原因可能是分离母种时携带病菌引起杂菌污染，因种菇表面带有杂菌，消毒不彻底，通过切取的组织块将杂菌带入培养基。

总之，污染机会很多，要注意环境消毒，按无菌操作规程彻底灭菌，层层把关，环环抓紧，严加注意，提高菌种质量。

第四节　菌种保存方法

菌种是主要的生物资源，也是食用菌生产首要的生产资料。一个优良的菌种被选育出来以后，必须保持其优良性状不变或尽可能地少变慢变，才不至于降低生产性能，能长期在生产中使用。因此，菌种保藏在食用菌生产上具有重要的现实意义。

一、菌种保藏原理

菌种保藏的方法很多，但原理大同小异。首先，要挑选优良纯种，利用微生物的孢子、芽孢及营养体。其次，根据其生理生化特性，人为创造低温、干燥或缺氧等条件，抑制微生物的代谢作用，使其生命活动降低到极低的程度或处于休眠状态，从而延长菌种生命，使菌种保持原有的性状，防止变异。不管采用哪种保藏方法，在菌种保存过程中要求不死亡、不污染杂菌和不退化。

二、菌种保藏的方法

保藏菌种的目的，一是使菌种不丢失；二是保持菌种的优良特性，减少变异，降低其衰亡速度；三是确保菌种的纯度，防止杂菌污染。因此，菌种保存是一项十分重要的工作。常用的菌种保存方法有以下几种。

(一)低温定期移植保藏法

将需要保藏的菌种接种在适宜的斜面培养基上，放置到25℃恒温箱中培养，当菌丝健壮地长满斜面时取出，放在3℃～5℃低温干燥处或4℃冰箱、冰柜中保藏，每隔4～6个月移植转管一次，具体应根据菌种特性决定。保藏时要注意环境温度不能太高，以防霉菌通过棉塞进入试管内部引起杂菌污染，试管塞最好使用硅胶菌种塞。棉塞可用干净的硫酸纸或牛皮纸包扎，也可减少杂菌污染的机会，还可防止培养基干燥。除草菇菌种外，其他食用菌菌种都可采用上述介绍的方法保藏。

(二)液状石蜡保藏法

取化学纯液状石蜡(要求不含水分、不霉变)装于三角瓶中加棉塞并用牛皮纸包好，在103.4千帕压力下灭菌1小时。再放入40℃恒温箱中数天至石蜡油完全透明为止，以蒸发其中水分。将处理好的石蜡油移接在空白斜面上，28℃～30℃下培养2～3天，证明无杂菌生长方可使用。然后用无菌操作的方法把液状石蜡注入待保藏的斜面试管中。注入量以高出培养基斜面1～1.5厘米为准，塞上橡皮塞，固体石蜡封口，直立于低温干燥处保藏。保藏时间1年以上，低温时保藏时间还可延长。

(三)沙土管保藏法

取河沙用水浸泡洗涤数次，过60目筛除去粗粒，再用10%盐酸浸泡2～4小时，除去其中有机物质，再用水冲洗至流水的pH值达到中性，烘干备用。同时取贫瘠土或菜园土用水浸泡，使其pH值呈中性，沉淀后弃去上清液，烘干碾细，用100目筛子过筛，将处理好的沙与土以2～4∶1混匀，用磁铁吸出其中的铁质，然后分装小试管或安瓿内，每管装量0.5～2克，塞棉塞，用纸包扎灭菌151.6千帕，1小时，再干热灭菌(160℃，2～3小时)1～2次，进行无菌检验，合格后使用。将已形成孢子的斜面菌种，在无菌条件下注入无菌水3～5毫升，刮菌苔，制成菌悬液，再用无菌吸管吸取菌液滴入沙土管中，以浸透沙土为止。将接种后的沙土管放入盛有干燥剂的真空干燥器内，接上真空泵抽气数小时，至沙土干燥为止。真空干燥操作需在孢子接入后48小时内完成，以免孢子发芽。制备好的沙土管用石蜡封口，在低温下可保藏2～10年。

（四）滤纸片保藏法

取白色（收集深色孢子）或黑色（收集白色孢子）滤纸，剪成4厘米×0.8厘米的小纸条，平铺在培养皿中用纸包裹进行高压蒸汽灭菌103.4千帕，30分钟。采用钩悬法收集孢子，让孢子落在滤纸条上。将载有孢子的滤纸条放入保藏试管中，再将保藏管放入干燥器中1～2天，除去滤纸水分，水分含量达2%左右，然后低温保藏。

（五）自然基质保藏法

1. *麦粒保藏法* 取无瘪粒、无杂质的小麦淘洗干净，浸泡12～15小时，加水煮沸15分钟，继续热浸15分钟，使麦粒涨而不破，沥干水分摊开晾晒，使麦粒的含水量在25%左右。将碳酸钙、石膏粉拌入熟麦粒中（麦粒、碳酸钙、石膏比例为10千克：133克：33克），拌和均匀后装入试管中，每管2～3克，然后清洗试管，塞棉塞，高压蒸汽灭菌151.6千帕，2小时，经无菌检查合格后备用，试管基质冷却后接种，在恒温箱中25℃恒温培养，待菌丝长满基质后用石蜡涂封棉塞，放低温环境下保藏。2年左右转接1次。

2. *麸皮保藏法* 取新鲜麦麸皮，过60目筛除去粗粒。将麦麸皮和自来水按1：1拌匀，装入小试管，每管约装1/3高度，加棉塞用牛皮纸包扎，高压蒸汽灭菌151.6千帕，30分钟，经无菌检查合格后备用。将生长在斜面培养基上的健壮菌种，移种至无菌麸皮试管中，移种时注意尽量捣匀小试管中的麸皮，呈疏松状态，在恒温箱25℃下恒温培养至菌丝长满麸皮为止，将麸皮小管置干燥器中，在低温或适温下保藏。

（六）生理盐水保藏法

取纯氯化钠 0.7～0.9 克，放入 100 毫升蒸馏水中，搅拌均匀分装试管，每管 5～10 毫升，进行高压蒸汽灭菌 103.4 千帕，30 分钟，经无菌检查合格后备用。将待保藏的菌种接入马铃薯葡萄糖液体培养基中 25℃振荡培养 4～6 天。无菌操作吸取少许培养菌种注入检验合格的生理盐水试管中，塞上无菌橡皮塞，用石蜡涂封，在室温或低温下保藏。

（七）冷冻真空干燥法

将已培养、生长丰富的菌体或孢子悬浮于灭菌的血清、卵白、脱脂奶制成菌悬液，将悬液无菌操作分装于灭菌的玻璃安瓿瓶中，每管 0.3～0.5 毫升。然后用耐压橡皮管与冷冻干燥装置连接，安瓿瓶放在冷冻槽中于－30℃～－40℃迅速冷冻，并在冷冻状态下抽空干燥，并在真空状态下熔封安瓿，在－20℃低温环境中保存，一般可保存 10 年以上，但成本较高。

（八）液氮超低温保藏法

首先将要保藏的菌种制成菌悬液备用，然后准备安瓿瓶，每瓶加入 0.8 毫升冷冻保护剂 10％（体积比）甘油蒸馏水溶液，塞棉塞灭菌（103.4 千帕，5 分钟）。无菌检查后，接入要保藏的菌种。火焰熔封瓶口，检查是否漏气，将封好口的安瓿瓶放在冻结器内，以每分钟下降 1℃的速度缓慢降温，使保藏品逐步均匀地冻结，直至温度下降至－35℃以后冻结速度就不需控制。安瓿冻结后立即放入液氮罐内，在－150℃～－196℃低温下保藏，该法只有少数科研院所使用。

第五章　新法栽培秀珍菇

第一节　栽培季节

秀珍菇品种多样，既有中温偏低温型品种，也有高温品种，属于木腐菌，它具有变温结实的习性，出菇阶段需要一定的温度要求。喜生于湿润杂木林的枯死倒地腐木上，子实体发育最适温度范围8℃～20℃，出菇温度范围为10℃～30℃。在春、秋季节和夏季都可栽培，适宜出菇季节为4～10月份，制种季节应安排在2～4月份，在3～4月份开始播种栽培，1年可生产两季。第一季在3～4月份播种栽培，4～8月份出菇。第二季在8～9月份播种，9～11月份出菇。以春季栽培较为多见。

秀珍菇栽培，各地应根据当地的具体自然气候安排生产。春季栽培秀珍菇，菌袋生产基本安排在4月上旬至4月下旬，此时气温较低，菌袋内的菌丝体长满袋需40～50天，后熟时间15～20天，一般6月中旬至7月上旬开袋出菇，出菇时间80～90天；秋季栽培秀珍菇，时间应安排在10月上旬至11月上旬，这时气温较适宜，菌袋培养基长满菌丝体需35～40天，后熟时间大约20天，一般11月下旬至12月上旬开袋出菇，到翌年3月份左右出菇结束。

第二节　栽培原料准备

秀珍菇的生产原料主要是棉籽壳、农作物秸秆、木屑等。将多种原料按照秀珍菇的营养生理特性，按一定比例配制成培养基。根据各种原料在培养料中所占的比例，分为主料和辅料2类。掌握各种原料的营养和物理特性，是进行科学配制培养基，获得高产优质的关键。

一、主 料

主料是指生产中的主要原料，用量占70%以上。主要为农林副产物，如杂木屑、棉籽壳、玉米芯、玉米秸秆、麦秸、高粱秸、稻草和蔗渣等。

(一)杂 木 屑

杂木屑是指阔叶树的木屑。含有油脂和芳香类物质的树木的木屑不能使用，如松树、杉树、香樟、桉树等。木屑为木材加工厂的下脚料，或者用树枝、小树木粉碎而成。小树木粉碎而成的木屑养分含量高。因为树木小，边材多，心材小，而营养物质主要储存在边材中。木材加工厂的木屑，因树木大，边材少，心材多，养分含量较少。据分析测试，杂木屑中粗蛋白质含量为1.5%，粗脂肪含量为1.1%，粗纤维木质素含量为71.2%，可溶性碳水化合物含量为25.4%。杂木屑中蛋白质含量低，而粗纤维木质素含量高，在利用时，用量不能太多。若杂木屑中含有少量松树、杉树、桉树和香樟等树木的木屑，则应将其堆积在室外，经日晒雨淋处理6个月以上，就可去掉有害物质。

(二)玉 米 秸

玉米秸是农业生产中的主要秸秆原料之一，也可用作栽培的原料。玉米秸中粗蛋白质含量为3.5%，粗脂肪含量为0.8%，粗纤维(含木质素)含量为33.4%，可溶性碳水化合物含量为42.7%。玉米秸需粉碎后使用。

(三)玉米芯

玉米芯是指着生玉米棒的中轴部分,又叫玉米轴等。玉米芯的粗蛋白质含量为2%,粗脂肪含量为0.7%,粗纤维(含木质素)含量为28.2%,可溶性碳水化合物含量为58.4%。玉米芯需粉碎成小颗粒后使用。

(四)高粱秸

高粱秸是我国高粱产区的主要秸秆原料。高粱秸中粗蛋白质含量为3.2%,粗脂肪含量为0.5%,粗纤维(含木质素)含量为33%,可溶性碳水化合物含量为48.5%。用于栽培秀珍菇时,需粉碎成粉末后使用。与稻草或棉籽壳等原料混合堆制发酵后使用效果较好。

(五)高粱壳

高粱壳是指高粱籽粒的外壳。高粱壳含氮量丰富,可溶性碳水化合物含量高,较硬,呈颗粒状,通透性好,是生产菌种的优质原料之一。据分析,高粱壳中粗蛋白质含量为10.2%,粗脂肪含量为13.4%,粗纤维(含木质素)含量为5.2%,可溶性碳水化合物含量为50%。高粱壳表面有一层蜡质,较疏松,应与发酵棉籽壳或秸秆混合使用。

(六)蔗渣

蔗渣是指甘蔗榨取糖汁后留下的皮层和髓层部位的粉碎物。蔗渣皮层坚硬,髓层柔软。据分析测试,蔗渣中粗蛋白质含量为1.5%,粗脂肪含量为0.7%,粗纤维(含木质素)含量为44.5%,可溶性碳水化合物含量为42%,粗灰分含量为2.9%。蔗渣较柔软,疏松,有弹性。应与稻草或麦秸,或棉籽壳等原料,混合堆制发酵后使用。

(七)棉　渣

棉渣又叫废棉。指棉纺企业加工后的下脚料，是一种棉花短纤维。废棉中粗蛋白质含量为7.9%，粗脂肪含量为1.6%，粗纤维(含木质素)含量为38.5%，可溶性碳水化合物含量为30.9%，粗灰分含量为8.6%。用棉渣栽培秀珍菇时，可以与稻草或麦秸或棉籽壳等原料，混合堆制发酵后使用为好。

(八)斑　茅

斑茅又叫大密，属禾本科植物，甘蔗属。它广泛分布在山林、沟边和田边地角。斑茅中粗蛋白质含量为2.75%，粗脂肪含量为0.99%，粗纤维(含木质素)含量为62.5%，含氮量为0.6%，含磷量为0.12%，含钾量为0.764%，含钙量为0.171%，含镁量为0.086%，粗灰分含量为9.56%。用斑茅作秀珍菇栽培原料时，需用机械粉碎成粉末或铡成短节后与稻草等混合，经堆制发酵后使用。

以上各种原料的养分和物理性质都不相同，为了配制出栽培秀珍菇的优良培养基质，达到既能增加产量，提高品质，又可降低原料成本的目的，需要充分了解各种原料的成分和特性，进行合理的利用。各种原料的主要营养成分详见附录四。

二、辅　料

(一)麸　皮

麸皮又叫麦麸和麸子，是面粉加工中的下脚料，主要是小麦的种皮。麸皮中粗蛋白质含量为7.92%，粗脂肪含量为1.62%，粗纤维(含木质素)含量为6.57%，可溶性碳水化合物含量为

59.26%。麸皮是菌种生产中常用的氮素营养物质，一般用量为10%～20%。

(二)玉 米 粉

玉米粉又叫包谷粉，或者叫做玉米面，是由玉米籽粒加工粉碎而成的粉末。它也是秀珍菇生产中的优质有机氮素营养物质。玉米粉中粗蛋白质含量为9.6%，粗脂肪含量为5.6%，粗纤维(含木质素)含量为1.5%，可溶性碳水化合物含量为69.7%。玉米粉中所含的蛋白质比麸皮高，因此在用量上要比麸皮少，一般用量为8%～10%。此外，它还可与麸皮或米糠混合使用，但两者在用量上，都要适量减少。

(三)黄豆饼粉

黄豆饼粉又叫大豆饼粉，是油脂加工厂榨取大豆油后的下脚料。其蛋白质含量高，为麸皮的2.5倍，是一种氮素含量高的有机营养物质。黄豆饼粉的粗蛋白质含量为35.9%，粗脂肪含量为6.9%，粗纤维(含木质素)含量为4.6%，可溶性碳水化合物含量为34.9%。由于其蛋白质含量高，在用量上要适当减少，一般用量为10%左右。单独使用时，因其数量少，不易在料中分布均匀，以混合使用为好，可与麸皮或米糠混合使用，但在用量上要减少，以5%的用量为宜。麸皮和米糠的用量也要相应减少，以15%～20%为宜。

(四)菜籽饼粉

菜籽饼粉又叫油枯和麻枯，是油脂加工厂将油菜籽榨油后的下脚料。菜籽饼粉中蛋白质含量高，比黄豆饼粉的含量还略高一些。据分析，菜籽饼粉的粗蛋白质含量为38.1%，粗脂肪含量为11.4%，粗纤维(含木质素)含量为10.1%，可溶性碳水化合物含量为29.9%。由于菜籽饼粉中含氮量高，在用量上要少一些，一般为5%～10%。

(五)花生饼粉

花生饼粉是指花生榨油后的下脚料。它的蛋白质含量高于菜籽饼粉和黄豆饼粉，是一种较好的氮素营养物质。据分析测试，其粗蛋白质含量为43.8%，粗脂肪含量为5.7%，粗纤维（含木质素）含量为3.7%，可溶性碳水化合物含量为30.9%。由于花生饼粉的蛋白质含量高，其用量与菜籽饼粉的用量基本相同。

(六)尿　素

尿素是一种有机氮素化学肥料，又叫脲。它是白色晶体，含氮量为42%～46%，温度超过熔点时即分解为氨。尿素可作为培养料的氮素补充营养，其用量一般为0.5%～1%，是秀珍菇培养基中的重要化学氮肥。

(七)硫 酸 铵

硫酸铵是一种速效氮素化学肥料。其含氮量为20%～21%，是秀珍菇生长过程中较好的氮素养分，一般用量为2%～2.5%。

(八)磷酸二氢钾

磷酸二氢钾是一种化学肥料。它溶于水，所含的磷为速效成分。它不仅可补充磷，还可补充钾。

(九)石 膏 粉

石膏粉是一种矿物质，化学名称为硫酸钙。它为白色或粉红色细粉末。石膏粉是秀珍菇培养基中常用的辅料，一般用量为1%。石膏粉的主要作用是改善秀珍菇培养基的结构和水分状况，增加通气性，补充钙素营养，调节培养基的 pH 值，使 pH 值稳定在一定的范围。

(十)碳 酸 钙

碳酸钙是一种盐类，纯品为白色粉末，极难溶于水。它的水溶液为弱碱性。碳酸钙可分为轻质碳酸钙和重质碳酸钙，生产上常用的是轻质碳酸钙，但也可用重质碳酸钙。其用量一般为 1%。因碳酸钙水溶液能对酸碱度起缓冲作用，故常用作缓冲剂和钙素营养加入培养基中。

(十一)硫 酸 镁

硫酸镁是一种盐类，医药上俗称泻盐。它是无色或白色的晶体或白色粉末，主要是供补充镁离子用。镁离子对细胞中的酶有激活作用。常在培养基中加入硫酸镁，一般用量为 0.03%～0.05%。

(十二)石　灰

生石灰遇水后为熟石灰——氢氧化钙，其中含有 2%～20% 的石膏，可以中和培养料中过多的酸，也可以补充培养料中的钙元素。由于石灰是一种碱性物质，因而一般用于调高培养料的 pH 值，还可用于驱避和杀灭一些杂菌和害虫。

由于以上各种辅料中蛋白质含量差异较大，因此在用量上和用法上都不一致。在配制培养料时，要根据原料自身的蛋白质含量高低，来确定加入量的多少。若使用的原料中蛋白质含量高，辅料使用量就要相应地减少。相反，若蛋白质含量低，则要加大用量。几种常用辅料的主要养分的含量比较，详见附录四。

第三节　培养料选配

栽培秀珍菇的主料是棉籽壳、阔叶树木屑、蔗渣和农作物秸秆；辅料则是麸皮、米糠、石膏、石灰等，所用的原料一般要求晒干和新鲜、无杂质、无霉变。下面介绍几种常用的秀珍菇培养基配方。

配方一：棉籽壳 28%、杂木屑 50%、麸皮 20%、石膏粉 2%。

配方二：棉籽壳 40%、蔗渣 40%、麸皮 18%、轻质碳酸钙 2%。

配方三：棉籽壳 35%、杂木屑 58%、玉米粉 5%、石膏粉 2%。

配方四：棉籽壳 30%、杂木屑 30%、稻草 20%、麸皮 12%、益菇粉 8%。

益菇粉是一种辅料，能起保肥缓释、保水、增加通透性、提供多种微量元素，增强耐高温能力的作用。

第四节　发酵料栽培秀珍菇技术

一、培养料建堆发酵

培养料建堆发酵应选择在向阳处的高地上进行。建堆前应将棉籽壳、麦秸秆类原料浸泡 2～3 小时，捞起后预堆 2～3 天，加适量的水搅拌，再预堆 1～2 天。建堆处的地面最好用砖或水泥板垫起 15～20 厘米高，然后铺一层较湿的稻草或麦秸等，撒上一层石灰粉。将培养料一层一层地堆起来。料堆上宽 80～90 厘米、下宽 100～120 厘米，料堆长度不限。每隔 1.2 米插上 1 根圆形木棍或者竹竿，料堆堆好后拔出木棒或者竹竿，形成通气孔，最后在料堆的最外层撒上石灰，用稻草或者塑料布遮盖牢实，并注意防风、避雨。

(一)培养料的堆制方法

1. 培养料的常规发酵技术

(1)堆料期　在栽培秀珍菇前25～30天进行。南方地区可在9月中旬前后进行;北方地区8月上旬开始堆料发酵。

(2)堆制方法　先将麦草、稻草等预湿。建堆时,先铺一层草,后撒一层尿素、硝酸铵等,如此一层一层往上堆叠,尿素和硝酸铵要在建堆时用完,迟用则料内会产生氨气,影响培养料发酵质量。这样循环堆叠,料堆顶部呈龟背形,用稻草或者塑料布封顶。

(3)翻堆　料堆堆置7天左右后进行第一次翻堆,在翻堆时同时加入石膏粉、石灰粉、饼肥等;第二次翻堆时同时加入复合肥。翻堆时水分的调节,采用“一湿二润三看”的原则,培养料的湿度控制在65%左右为宜,pH值6.5～8。

2. 培养料的后发酵技术　将前期发酵的培养料移入菇房进行一次短时间的高温发酵。发酵方法:将料堆在床架上层成堆状,关闭门窗和所有通风口,通过蒸汽和炉火使温度快速上升至60℃以上保持5～6小时。当温度降至25℃左右,维持4天后,将培养料翻堆(即打开门窗进行大通风1次),把培养料中有毒的气体排除,然后摊开培养料即可播种。

优质培养料的标准:料呈红棕色,有韧性,无异味。

(二)培养料的厚度与用量

培养料的厚度与产量关系密切。料厚营养充足,产量高,质量好;料薄,虽然早采菇,但秀珍菇产量低,质量差,易出小菇,菇薄,易开伞,不适于制罐头。

(三)培养料堆制标准

建堆时培养料的含水量以手握料能滴水为宜。建堆后,每天测定料堆中央的温度。当料堆中央温度升至65℃以上时，保持4～7天，进行第一次翻堆。翻堆时把培养料内外上下置换，并加入硝酸铵或尿素(溶于水中)。若料的含水量太小，要补充适量的水，使料的湿度达到手握料能滴下3～4滴水的要求。5天后进行第二次翻堆，如此按4天、4天、3天的间隔进行第三次、第四次和第五次翻堆，发酵时间为23～25天。每次翻堆都应把中间的料翻至外周，外周的料翻至中间，发酵好的料变成棕褐色，手拉纤维易断，无氨味、臭味和酸味，水分适当(手握料能滴下3～4滴水)。pH值7.5左右，若太低，可加石灰粉进行调节，pH值太高则添加过磷酸钙进行调节。有条件的最好进行培养料的后发酵，即将发酵成熟的培养料均匀地、不松不紧地铺入菇床，厚约20厘米。将菇房的出入口、通风口关闭，使菇房温度升高至60℃以上，可采用加热、通蒸汽入棚等方式保持48小时。待料温降至25℃时再播种。

发酵料栽培秀珍菇的建堆发酵与双孢蘑菇培养料发酵基本一样。将棉籽壳、秸秆等或棉籽壳浸透水后分层铺撒均匀建堆，一般建堆上宽1.2米、下宽1.5米、高1.3米。堆料后的3～4天，堆温通常可达70℃左右。堆温的测定一般以圆柱形温度计插入料堆深约35厘米处为标准。5～7天后，堆温就会下降，此时应翻堆。翻堆的目的是改善料层的空气条件，散发堆内的废气，调整料堆的水分，同时添加化肥和石膏粉，改善发酵条件，让微生物继续生长繁殖，更好地促使堆温回升，加速培养料分解，达到培养料均匀腐熟的目的。

二、翻　堆

(一)翻堆的目的

对培养料料堆进行翻动，其目的在于改善堆料内发酵条件，排除堆料内的二氧化碳，增加氧气，调节水分，使含水量均匀一致，并使培养料发酵均匀一致，为料堆内微生物的生长繁殖创造一个良好的条件。

（二）翻堆应注意的事项

1．要及时翻堆　当料温由最高开始下降时及时进行翻堆。

2．要均匀一致　通过翻堆，要使主料和辅料、内部和外部、上层和下层，混合均匀，并且使含水量也基本一致。

3．要灵活调节　若料温不易上升，水分偏少，料堆过大，则要及时采取有效补救措施，提高料堆内温度。

4．料堆要两头宽，中间窄　在第一次至第三次翻堆时，每次要将料堆宽度缩小30～40厘米，第四次、第五次翻堆时，又要使料堆放宽30～35厘米。

5．要设通气孔　从第三次翻堆开始，每次翻堆时都要在料堆上插入粗竹竿或木棒，翻堆完毕后，将竹竿或者木棒拔出，在料中形成若干通气孔，以促进料中微生物的生长繁殖，提高培养料的发酵质量。

6．要添加养分　在第三次翻堆时，将所需养分添加完。

7．要注意防治虫害　若料中出现螨虫等害虫，在翻堆时，要喷洒螨虫净进行灭杀螨虫。

8．要消除氨气　在最后一次翻堆时，如果料中有氨气时，则应在料中喷1％甲醛或1％过磷酸钙溶液，边喷边翻料。将料中氨气去掉后，才能用于接种栽培秀珍菇。否则接种后会出现氨害，使菌种不能萌发生长，或者造成菌种死亡等现象发生。

（三）翻堆的方法

翻堆的次数应根据料堆发酵质量好坏来确定。若利用一次发酵料直接添加辅料栽培秀珍菇，发酵时间要稍延长，需翻堆5～6次，发酵时间为28天左右。翻堆的间隔天数依次为7天、6天、5

天、4天和3天。若一次发酵后还要进行二次发酵的，则一次发酵的时间要稍短一些，以12～14天为宜，翻堆次数为2～3次，间隔天数依次为4天、3天和2天。混合料的发酵时间要短一些，可减少1～2次翻堆的工序。

为了制作均匀、完全成熟、高质量的培养料，翻堆非常重要，这是决定秀珍菇产量高低的先决条件。第一次翻堆时加入尿素、硝酸铵等化肥并充分搅拌均匀，在微生物的作用下，通过发酵变成适合的氮源。5天后进行第二次翻堆，再按4天、3天的间隔翻堆5次，共发酵24天左右。为了使堆料发酵均匀，翻堆时应把中间培养料翻到外面，把外层培养料堆进中间。发酵后培养料以达到棕褐色，手拉纤维易断为度。堆制发酵后培养料含水量为60%～65%，手抓一把培养料用力挤，指缝间有水而不滴水即为含水量适宜，如果指缝间有水滴出，则说明培养料含水量过大，含水量过大的培养料不透气，接种后秀珍菇菌丝不能生长，甚至出现酸败现象。应将pH值调至7。

三、培养料发酵中常出现的问题及对策

(一)料温升不高

建堆2～3天后料温上升不高，其主要原因是原料偏干或偏湿，或者缺少氮素肥料。出现这种情况，应及时调节，重新建堆。水分少时，应向料中浇水，补足水分。原料偏湿时，一是加入干料混合，利用干料吸收多余的水分；二是散开料堆进行晾晒，让多余的水分蒸发掉。缺少氮素养分时，应添加菜籽饼粉或米糠或尿素来补充。

(二)料中出现臭味和酸味

这主要是料堆过宽，厌氧层太厚，造成厌氧发酵所致。解决方

法是将料堆散开，加入石灰水或干石灰粉（料偏干时，加石灰水；偏湿时，添加干石灰粉）拌匀，调节培养料的 pH 值，使之达到 7.5～8，并重新建堆。建堆时，要降低料堆宽度，以 1.5 米为宜，并使料堆成长方形，四周垂直整齐，高度为 1.5 米。在料堆中，要从上至下打孔，形成若干个通气孔，以增加培养料中氧气量，降低厌氧发酵面积。

（三）料中出现氨味

若培养料中出现有氨味，表明料中存在大量的游离氨。一般用合成料发酵时，往往会有氨气出现。有氨味的培养料接种后，会造成菌种不吃料、菌丝不生长而死亡。其解决措施：一是向料中喷 1%甲醛液或 1%过磷酸钙溶液，并与料混合均匀，以消除培养料中的氨气；二是将料抖散，铺在菇床上，不要马上播种，待其氨气散发掉后，再进行播种栽培。

（四）含水量过高或偏低

培养料中含水量过高或偏低，都不宜接种栽培，因这种料接种栽培后，会影响菌丝生长，降低产量。若料中含水量过高，用手捏料有水滴出，则应将发酵料摊开晾晒，让多余水分蒸发掉，降到水分适宜时，再添加辅料接种栽培。若料中水分偏低，则应适当喷水调节，使水分含量达到 65%左右方可。

第五节　一次发酵料栽培秀珍菇的方法

发酵料栽培秀珍菇的模式有室内床架式、室外畦式、大棚立体生产等几种。

一、室内床架栽培

秀珍菇的室内床架栽培,可在住房内或草棚菇房内进行,其栽培场所,要求能调温、保湿,通风换气性能良好,光照均匀,一般室内栽培可搭4～6层床架,高度不超过1.8米。

(一)菇房的设置

菇房是秀珍菇生长发育的场所,要为获得优质高产创造适宜的环境条件。菇房可以是现代化菇房、塑料大棚、简易塑料棚和空闲房屋。菇房内床架可采用层叠式床架或畦式菇床,根据菇房现有条件而定。如主要利用自然气温,应抓住适宜的季节进行栽培。北方地区一般安排在春末夏初至秋天栽培,播种后40天左右出菇,此时菇房温度控制在20℃～28℃为好。如利用菜窖或温室,一年四季均可栽培秀珍菇。南方温度和湿度合适的地方和林区,可以在有荫棚、林荫地的条件下露地做畦栽培,根据适合生长的温度和湿度及当地的气候条件灵活掌握。

(二)进料上床

培养料进棚上床前,菇床表面要喷洒杀虫药液。然后再将培养料铺到菇床上面,厚度一般为15～20厘米(按干料计算,每平方米需培养料16～20千克)。

(三)播种及管理

把秀珍菇菌种掰成鸡蛋大小,在培养料上隔15～20厘米挖1个穴,接种穴的大小约为6厘米^2。将菌种播入穴内,最好在上面再铺一层1厘米厚的培养料。菌床的播种量为4～6瓶/米^2。播种后用地膜覆盖料面。播种后5天内一般不要揭开地膜,也不用喷水。第六天开始揭膜通风换气,使棚内的空气相对湿度保持在

85%左右。若料面干燥,应喷水保湿。正常情况下,每 2 天通风 1 次。要注意菇房内的温度变化,既要保温保湿,又要使新鲜空气通入菇房,以人进入菇房时不感到气闷为宜。

(四)覆土及管理

播种后 20 天左右,秀珍菇菌丝长到整个培养料的 2/3 时开始覆土。要求选用保水通气性能较好的土粒用作覆土,不能用太坚硬的沙土。一般采用菜园土、泥炭土或人造土(取河泥、塘泥并加入牛粪粉和石灰粉进行堆沤,经 1 个月后即可使用,pH 值 7.5～8)。覆土前 1 天将土调至含水量为 70%～75%。采用平铺方式或锯齿式,即先在料面上覆上一层 1 厘米左右的土粒后,每间隔 10～15 厘米做一宽 10 厘米、高 5 厘米的土坎,厚度 3～4 厘米。

覆土是诱导秀珍菇子实体形成的关键,是栽培上非常重要的一环,其土质的好坏直接影响到秀珍菇的产量和质量。覆土主要起到 4 个方面的作用:

一是覆土层内土壤微生物活动能刺激诱导秀珍菇子实体的形成。

二是覆土后,料面和土层的通气性能降低,菌丝在代谢过程中所产生的二氧化碳不能很好地散发,改变了氧气和二氧化碳的比例。一定浓度的二氧化碳可促进秀珍菇子实体的形成。

三是覆土后,料面和土层内部能够保持一个相对稳定的小气候,加之要向土层喷洒大量的水分,使菌丝在水分充足的条件下,持续不断地形成秀珍菇子实体。

四是覆土对料面菌丝的机械刺激和喷水的刺激都可促进秀珍菇子实体形成,并支持菇体。在播种后 20 天左右,当菌丝长至整个培养料的 2/3 时开始覆土。覆土用的土粒不能太硬,相对含水量为 70%左右。覆土厚度 3～4 厘米。

(五)出菇管理

播种后40天左右，大量的秀珍菇菌丝长满培养料。此时畦床上面应喷水，使罩膜内的空气相对湿度达到90%～95%。2天后，培养料表面上就会出现白色的米粒状秀珍菇原基。3天后，当秀珍菇原基长至直径2～3厘米时，应停止喷水。出菇期间，每天揭膜通风1～2次，通风时间不少于30分钟，通风后继续罩膜保湿。阴雨天可把罩膜四周掀开通风，防止秀珍菇子实体因通风不畅烂掉。出菇时若气温偏低，可罩紧薄膜保温保湿，并缩短通风时间，减少通风次数。气温超过28℃时，可以在荫棚上加盖厚遮阳物，并整天打开罩膜通风。出菇周期10天左右，出菇结束后整理料面，再给菇床喷水，为第二潮出菇做好准备。出菇可持续3～4个月，一般出4～5潮菇。菇房床栽，鲜菇产量可达8～10千克/米^2。

出菇期管理的目的是创造更好的生态条件，提高秀珍菇的质量和产量，因此要因地制宜，灵活掌握，尽量注意“听、看、摸、嗅、查”。听：听天气预报，弄清是阴、晴、雨天，是否有高温或寒流的袭击。看：看温度、干湿度，看菇的肥瘦、密度，看菇的外表。摸：摸一摸覆土的干湿度情况。嗅：嗅菇房内空气是否新鲜。查：查一查菌丝生长情况、土层的湿度、有无病虫的危害。

在条件适宜的情况下，从播种到菌丝长满培养料要40～50天，快的只需25天左右，即开始现蕾。菇床土面先涌现灰白色粒状的菇蕾，继而长至黄豆大小。大约3天菇蕾发育长至直径2～3厘米时，停止喷水，避免造成死菇和畸形菇。此时要消耗大量的氧气，并排出二氧化碳气体，所以在出菇期应特别注意菇房的通风换气。在通风的同时注意菇床土层的湿度，这是水分管理过程中最关键的一环。每潮菇历时约8天，每潮菇采收结束后需要15天左右的养菌时间。各潮菇采收后应修改菇床的形状，补足水分，为下一次出菇做好准备。出菇期可持续3～4个月，采收4～5潮。露地畦床栽培秀珍菇可产 3～5 千克/厘米^2。

(六)采收与加工

以秀珍菇菌盖尚未开伞,表面淡黄色、灰色,尚未弹射孢子时采收为宜。若过熟采收,菇体变大,降低商品价值。当秀珍菇子实体的菇盖直径长到 1.8～3 厘米尚未开伞时即可采收。采收前三批菇采用旋转法,即用拇指、食指、中指捏住菌盖,轻轻旋转采下,对于丛生菇应用小刀小心割下,以避免影响周围菇的生长。采收后,及时用锋利的小刀削掉菇根,刀口与菇根垂直、平整。三批菇后采收可采用拔菇法,同时带出一部分老根,采收后削掉菇根。

采收后的鲜菇可通过保鲜、盐渍、脱水、烘干等方法加工销售,或根据客户要求加工和包装。

二、塑料大棚栽培秀珍菇

采用塑料大棚全遮阳技术,可周年栽培秀珍菇,使秀珍菇一年四季均可供应市场,特别是高温季节,食用菌市场菇类供应不足,这样,秀珍菇在淡季就可卖好价钱,获得高效益。现将其栽培技术介绍如下。

(一)大棚要求

塑料大棚上要用稻草或者遮阳网全部覆盖,使大棚既具遮光性,又能保温保湿。夏天可降温,冬天可增温。塑料大棚规格一般为:长 10～20 米、宽 5 米、高 3 米。大棚上面覆盖稻草厚度为 5 厘米,棚顶留 2 个透气孔,大棚中间对开 2 扇门。大棚内设置 2 排床架,共 8 层。

(二)栽培技术

1. 夏季秀珍菇栽培

(1)季节安排　7月10日堆料,培养料进行二次发酵,7月30日播种,8月20日覆土,9月上旬采收头潮菇,10月下旬结束。

(2)播种发菌　发酵料进棚铺料,厚15厘米,培养料含水量65%左右。播种宜在早晚进行,播种量要大些,占料重的15%,采用混播和撒播相结合。

(3)覆土　覆土厚度要稍薄一些,以2～3厘米厚度为宜,覆土材料以发酵土为好。

(4)出菇管理　出菇期正逢高温季节,必须注意菇棚内通风换气和空气湿度的管理。其他措施与常规管理方法相同。

2. 秋冬季节秀珍菇栽培

(1)季节安排　10月3～5日堆料进行二次发酵,10月20日发酵料进棚铺料、播种,11月中旬覆土调水,12月下旬出菇,第二年4月出菇结束。

(2)播种发菌　10月下旬以后气温逐渐降低,可在覆盖的稻草上再加一层塑料薄膜,或在大棚外面用蒸汽炉向大棚内释放热蒸汽,用于提高大棚内的温度和湿度,加快发酵速度。培养料不宜过厚,控制在13～15厘米。播种时间应选择在中午,用种量稍多些可加快发菌速度。

三、半地下式菇房栽培

(一)半地下式菇房

半地下菇房是北方地区常用的菇房。半地下式菇房易保温保湿,是栽培秀珍菇的较好场所。其上半部建筑在地面上,下半部建筑在地面以下,因而兼有地下菇房与地上菇房的优点,保温、保湿性能良好，又能通风换气。其建造方法是：先在地面用推土机挖坑，坑深 1.8 米、宽 3～5 米、长 20～30 米。上半部菇房高 1.5 米。在坑内砌砖墙，一直达到地面以上 1.5 米处。上半部菇房的建造方法，与普通菇房一样。见图 5-1。

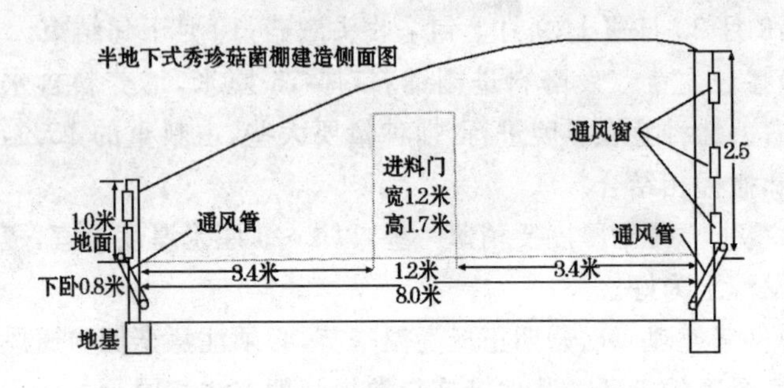

图 5-1 半地下式秀珍菇菇棚

(二)播种及管理

将发酵并处理好的培养料，抖散后铺在床架上，厚度为 18～20 厘米。待料温下降至 30℃以下时，开始播入菌种。播种方法有穴播和撒播两种。具体采用哪一种方法，应根据菌种的基质来确定。若是用棉籽壳发酵料为基质所制作的菌种，以穴播为好。若是用麦粒或是其他谷物为基质所制作的菌种，则以撒播为好。穴播的方法是：在料面上按“品”字形排列方式挖穴，穴深 6～10 厘米左右，为料层厚度的 1/2。然后在穴中插入分成鸡蛋大小的菌种团块。穴播完后，再在料面上撒播 1 层颗粒如蚕豆大小的菌种。不要将菌种分得太细小，以免菌种不易萌发。也不要用大块的菌种播种，因为大团块菌种在播种后虽然容易提早出菇，但菇体小，产量低。最后用木板拍平料面，将菌种和培养料稍微压紧即可。

撒播菌种的方法是：先在床架上铺 1 层厚度为 6～10 厘米的

培养料，然后撒上1层以麦粒为基质的菌种。撒种要均匀，然后再铺料撒种，如此铺3层培养料，撒3层菌种，最上1层菌种的用量要大一点，约占整个用种量的1/3多。播种后，在料面上覆盖塑料薄膜，进行保温、保湿，促使秀珍菇菌丝快速发菌。

(三)覆土及管理

播种结束后，要对料面覆土。覆盖用土，要求不含肥料，保水性和通透性良好，以沙壤土为宜。黏性大、通透性差的土，要拌入灰渣或谷壳，改善其通透性后再用。土壤要打碎成小颗粒，调节其水分含量为25%左右，并在土粒中拌入1%的石灰粉调节酸碱度，使pH值达到7。覆土的时间安排，可根据菌种和培养料质量情况来确定。如果二者质量好，可在播后立即覆土，否则就要在播种后7～10天再覆土。后者有利于在菌种生长差时及时进行补救，前者则有利于提早出菇。覆土方式有平铺覆土和土埂式覆土2种。具体操作方法，如本书“室内床架栽培”中所述。

覆土后的管理，主要是保持覆土层的水分，减少通风量，关闭门窗。当覆土层土壤出现干燥时，再喷水湿润土壤，但1次喷水不要太多，以免造成土壤含水量过高，通透性降低，影响菌丝向土壤中生长。此外，要定时通风换气，防止出现高湿环境。

(四)出菇管理

播种30～40天后，开始出菇，在秀珍菇子实体生长发育期间，主要做好温度、湿度和空气等方面的管理工作。

1. *温度* 菇房温度应保持在15℃～26℃之间。温度过高，子实体生长加快，容易开伞。在温度较低的条件下，秀珍菇子实体生长缓慢，不易开伞，个体粗壮，结实。因此在夏季高温期间，要做好降温工作。若菇房是用水泥瓦盖的，阳光直晒时会产生较高的辐射热，使菇房内温度迅速升高。因此要在瓦上再盖1层草帘来隔热，或者在菇房内顶部加1层泡沫板或草帘来隔热。同时，要打开排风口和入口，增加通风量，以防止温度过高。冬天则要注意保暖。

2. 湿度　出菇房内湿度管理主要是保持覆土层的水分和空气湿度，使土壤保持湿润状，并保持空气相对湿度在70%～85%。当空气相对湿度低于70%时，用喷雾器向空中和地面上喷水，或者用空气湿度加湿器向空中喷雾，这种方法加湿效果最好，不要在菇体和土壤上喷较多的水，喷水要做到少喷勤喷。在晴天，每天喷水1～2次；在阴天和雨天，则不喷水。喷水后，要打开门窗通风换气，让菇体上较多的水分散发掉，防止出现高温高湿现象，造成死菇、烂菇、黄斑菇。最好是使用空气加湿器喷雾提高空气湿度。

3. 空气　在秀珍菇子实体生长期间，会消耗大量的氧气，排出二氧化碳。如果通风不良，二氧化碳浓度高，就会影响子实体正常生长发育，长成畸形菇，甚至幼菇死亡。因此，要加强通风换气，以及时足量地补充菇房中的氧气，排出过量的二氧化碳气体，以利于子实体的生长发育。

4. 光照　秀珍菇在出菇期间，需要充足的散射光。所以改善菇房光照条件、提高室内亮度，使之有充足的散射光照，同时又避免阳光直射，才能正常生长发育。

第六节　二次发酵栽培秀珍菇技术

培养料二次发酵栽培秀珍菇技术是在培养料一次发酵栽培秀珍菇的基础上提升起来的。在栽培实践中，发现培养料一次发酵栽培秀珍菇有一些不足之处。有机物在发酵过程中的不同阶段和不同温度下，其有益微生物分为3种菌类，这3种有益菌为喜温性细菌、喜温性放线菌和喜温性霉菌，培养料二次发酵又叫后发酵，就是通过这3种菌类的活动进行的。喜温性细菌，适宜生长温度为 50℃～55℃；喜温性放线菌和喜温性霉菌，适宜生长温度均为 45℃～53℃。由于一次发酵料中温度不均匀，微生物生长繁殖受到抑制，不能很好地发挥作用，所发酵的培养料中适合于生长的养分积累不够，因此秀珍菇的产量不高。

培养料二次发酵的原理是根据有益微生物的生长温度条件，通过人工加温，将培养料的温度维持在 56℃～62℃，并保持 4～8 小时，然后通风降温至 48℃～52℃，再保持 4～8 天。这一过程，前期为巴氏消毒，后期为控温培养。56℃～62℃温度条件的主要作用，一是在高温条件下，使大部分病原菌和害虫受热死亡，从而减少栽培过程中的病虫害；二是创造适合喜温微生物生长的温度条件，让嗜热性微生物大量繁殖，在其分泌水解酶的作用下，使前期发酵未完全腐熟的培养料，继续被微生物分解，形成腐殖质，供秀珍菇菌丝生长利用。在后期，通风降温至 48℃～52℃，并保持 4～8 天。其目的：一是补充培养料内的氧气，为嗜热微生物群生长繁殖，创造一个良好的生态环境条件，产生聚糖、维生素和氨基酸类物质，为生长秀珍菇提供大量的有效成分；二是继续对病虫害进行杀灭。二次发酵料栽培秀珍菇产量高，比一次发酵料栽培秀珍菇增产显著。

一、二次发酵栽培菇房的建造

二次发酵栽培秀珍菇的菇房要求密封性好，通风换气便利，能满足生长所需的环境条件。二次发酵栽培秀珍菇菇房设施最好是利用钢材和发泡塑料板搭建，较简易的是利用竹竿和塑料薄膜制作。塑料薄膜菇房容易搭建和拆迁。一座菇房使用 1～2 年后，拆迁到另一地方再搭建，有利于防止出现一个菇房连续使用多年，会造成杂菌增多菇产量下降，病虫害加重的现象。

培养料二次发酵栽培秀珍菇的塑料薄膜菇房建造方法是：菇房建造位置要选择地势高、坐北朝南，并且附近有能够堆料发酵的场所和水源，交通便利，电力畅通，每座菇房面积以 80～120 米^{2}为宜，不宜过大，以免造成通风不良，升温保温困难。菇房按宽 7 米、长 20 米、高 3.5 米的规格建造。先用竹竿或木棒制作菇房的框架。房顶可制作成“人”字形，也可制作成圆弧形，但不宜制作成平顶式，因平顶式屋顶容易积水。菇房结构要求牢固结实，主立柱要用粗竹竿或水泥柱，可防止被大风吹倒。在菇房顶部或者两边要每隔 2 米设置 1 个排气孔，一侧设置出入门，门宽 0.8 米，高 1.8 米。要在菇房两侧的上、中、下位置开窗口，窗口大小为 40 厘米×50 厘米，两侧窗口要相对，以利于空气对流，确保菇房内空气新鲜。菇房上面要覆盖无缝塑料薄膜，并且加盖 1 层草帘，有利于遮阳和保温。

在菇房内，要搭建床架。靠菇房两侧的床架，宽为 1 米，中间的床架宽为 1.2 米。床架之间相距 0.8 米，可作为操作通道。床架共为 6 层，底部距地面 0.3 米，相邻上下层相距 0.5 米。每层床架都要制成箱状，即在四周边缘设边框，边框高 0.25 米。床架用竹竿或钢材制作，要求结构牢固，能承受培养料和覆土的重量。

二、培养料二次发酵方法

将一次发酵好的培养料，铺在床架上，然后进行升温和控温，再进行二次发酵。二次发酵的培养料，比一次发酵时的培养料发酵时间要短，一般为 12～14 天。其间要翻堆 3 次，间隔天数分别为 4 天、3 天和 3 天。

（一）培养料二次发酵的升温方法

培养料二次发酵的升温方法有以下几种。

1. 干热加温法　在菇房外做一个火炉，使火炉的烟道通入菇房后分成 2 道，在另一端靠墙处又汇合成 1 道，并穿墙伸到外面，利用烟道散热来提高室内温度。菇房内的最高温度可达到 62℃。

但利用此方法加温，会使培养料的含水量下降。因此，要适当调高培养料的含水量，使之达到70%～75%。

2. *湿热加温法*　利用锅炉产生蒸汽，将蒸汽通入菇房内，利用蒸汽来加温。没有锅炉时，可用1～3个汽油桶作蒸汽发生器，在汽油桶上安装好排水管和放气管，将汽油桶横放在火炉上，注入水，加热将桶内水烧沸，使其产生出大量蒸汽，再将蒸汽送入大棚内。送气塑料管在大棚内要绕成环形，并在适当位置开1个排气孔，使蒸汽在室内各个部位分布均匀，达到升温一致的目的。此外，还可在室内砌一个灶，灶口开在室外，灶上放1口大铁锅，锅内装上水。在大棚外加燃料烧火，锅内水烧沸后，即产生大量蒸汽，使大棚内温度和湿度升高。但这种方法，不如前一种方法效果好，可供参考。

3. *干湿热加温结合法*　在前期利用烟道发热来升温，在后期则利用蒸汽来加温。前期为巴氏消毒，后期用蒸汽控温发酵。

(二)二次发酵的操作方法

将前期发酵料(一次发酵料)，趁热铺在床架上。由于菇房内是密闭的，空气不能对流，上层温度高，下层温度低，因此，铺料要铺在床架上层和中层，铺完料后，立即关闭门窗和通风口，让其自然升温。第二天开始加温。若遇到气温低，料温上升不高时，要立即加温。

培养料二次发酵的温度控制分为3个阶段：第一阶段为升温期(巴氏消毒期)。从45℃开始升温至60℃～62℃时进行巴氏消毒。根据培养料的腐熟程度，保持时间也不一样。培养料偏生的，在60℃～62℃，保持6～8小时；培养料偏熟时，在60℃～62℃，只需保持2～4小时。此间要定时通风换气，补充氧气。早晚各开门通风1次，每次5分钟左右。其作用是利用高温杀死料中的病原菌、虫卵和幼虫等。第二阶段为保温期，又叫控温发酵期。在升温结束后，缓慢打开通风口降温。降至48℃～52℃时，停止降温，并使这一温度维持4～6天。若培养料偏熟时，只需维持2～4天。此阶段要创造适合喜温细菌、放线菌和霉菌的生长条件，让其大量生长繁殖。第三阶段为降温期。后发酵结束后，开始降温，待温度下降至45℃时，打开大棚顶部通风口，尽快让上层培养料的温度降下来。然后再打开中间窗口，缓慢降温。随即打开所有通风口和门窗。降温要缓慢。当培养料温度下降至30℃以下时，有益微生物就停止生长。这时，可进行分床匀料、翻个、整平料面、接种的工作。

三、播种及管理

将发酵并处理好的培养料，抖散后铺在床架上，厚度为15～20厘米。待料温下降至30℃以下时，开始播入秀珍菇菌种。播种方法有穴播和撒播2种。具体采用哪一种方法，应根据菌种的基质来确定。若是用棉籽壳或秸秆发酵料为基质所制作的菌种，以穴播为好，不宜撒播。若是用麦粒为基质所制作的菌种，则以撒播为好。穴播的方法是：在料面上按"品"字形排列方式挖穴，穴深8～10厘米左右，为料层厚度的1/2。然后将分成鸡蛋大小的菌种团块插入穴中。穴播完后，再在料面上撒播一层蚕豆大小的颗粒菌种。不要将菌种分得太细小，以免菌种不易萌发。也不要用大块的菌种播种，大团块菌种在播种后虽然容易提早出菇，但菇体小，产量低。料面上的用种量要稍大。约占整个用种量的1/3以上。最后用木板拍平料面，将菌种和培养料稍微压紧，这样可以使秀珍菇的菌种和培养料紧密结合在一起，促使菌种快速萌发。撒播的方法是：先在床架上铺1层厚度为5厘米的培养料，然后撒上1层以麦粒为基质的秀珍菇菌种。撒种要均匀，然后再铺料撒种，如此铺3层培养料，撒3层菌种，最上一层菌种的用量要多一点，约占整个播种量的1/3以上。秀珍菇菌种撒播结束后，在培养料料面上覆盖塑料薄膜，进行保温保湿，促使秀珍菇菌种尽快发菌。

四、覆土与管理

播种结束后，要对培养料料面覆土。覆盖用土要求不含肥料，保水性和通透性良好，以沙壤土为宜。黏性大、通透性差的土，要拌入灰渣或谷壳，改善其通透性后再用。土壤要打碎成小颗粒，调节其水分含量为25%左右，并在土粒中拌入2%石灰粉调节酸碱度，使pH值达到7.5。覆土的时间安排，可根据菌种和培养料质量情况来确定。如果二者质量好，可在播后立即覆土，否则就要在播种后6～8天再覆土。前者则有利于提早出菇，后者有利于在菌种发菌较差时及时进行补救。覆土方式也是分平铺覆土和土埂式覆土2种。具体操作方法，如本书“室内床架栽培”中所述。

覆土后的管理，主要是保持覆土层的水分，关闭门窗，减少通风量。当覆土层表面出现干燥时，需要喷水湿润土壤，但1次喷水不要太多，以免造成覆土层土壤含水量过高，通透性降低，影响秀珍菇菌丝向土壤中生长。此外，要定时通风换气，防止出现高湿环境。

五、出菇管理

播种30～40天后，秀珍菇原基开始在覆土表面发生，在子实体生长发育期间，主要做好温度、湿度和空气等方面的管理工作。

(一)温　度

菇房温度应保持在8℃～30℃。温度过高，子实体生长加快，秀珍菇质量差。温度较低，秀珍菇子实体生长缓慢，不易开伞，菇体粗壮、结实。因此在夏季高温期间，要做好降温工作。若菇房是用水泥瓦盖的，阳光直晒时会产生较高的辐射热，使菇房内温度迅速升高。因此要在瓦上再盖1层草帘来隔热，同时，要打开排风口和入口，增加通风量，防止菇房内温度过高。或者在下午 2 时和晚上 7 时向菇棚顶部喷水来降温，也可以提前在大棚周围种瓜种豆，让藤蔓爬上大棚顶部既遮阳又营造一个良好的小气候环境。

(二)湿　度

湿度的管控主要是保持覆土层的水分，使土壤层湿润，并保持空气相对湿度在 70%～85%。当空气相对湿度低于 70%时，用喷雾器向空中和地面上喷水，不要在菇体和土壤上喷较多的水，喷水要做到少喷、勤喷。在晴天，每天喷水 1～2 次；在阴天和雨天，则不喷水。喷水后，要打开门窗通风换气，让菇体上较多的水分散发掉，防止出现高温高湿现象，造成死菇、烂菇、黄斑菇。

(三)空　气

在秀珍菇子实体生长期间，要消耗菇房内空气中大量的氧气，排出二氧化碳。如果通风不良，二氧化碳浓度高，就会影响秀珍菇子实体正常生长发育，长成畸形菇，甚至幼菇死亡。因此，要加强通风换气，以及时足量地补充菇房中的氧气，排出过量的二氧化碳，这样有利于秀珍菇子实体的生长发育。

(四)光　照

秀珍菇在出菇期间，需要充足的散射光。只有满足这种条件，才能正常生长发育。所以改善菇房条件、提高室内光照亮度，使之有充足的散射光照，同时又要避免阳光直晒对秀珍菇子实体造成伤害。

六、采　收

当秀珍菇子实体菌盖长到 2～3 厘米时就要采收。如果等到菌盖半开或完全展开后再采收，其商品质量就会下降。采收的方法是整丛菇一起采下，同时去掉死菇、病菇和菇体残片。一潮菇采收完后，修补好覆土层，喷足水分，减少通风量，为出下一潮新菇创造良好的条件，待下一潮菇长出来后，再进入出菇管理。

采收下来的新鲜秀珍菇，要削去沾有泥土的菇脚，及时出售或加工处理。放置时间不要过长，以防自然开伞后降低秀珍菇的品质。

秀珍菇出菇期一般为 90～120 天，每批菇采收结束后，要搬出培养料和覆土，打扫干净场地和出菇房，喷洒杀菌剂和杀虫剂，并加大通风量，让菇房内消毒干燥，然后再栽培下一批菇。如果秋季没有出完菇，需要在来年春季再出菇的，就要做好冬季保温保湿管理工作。要关好门窗，及时喷水，保持土壤为湿润状态。每周要通风换气 2～3 次。

第七节　熟料栽培秀珍菇

熟料栽培秀珍菇，由于培养料是经灭菌处理过，并且是在良好条件下发菌的，菌丝生长良好，菌丝浓密，积累养分多，能有效地控制杂菌和害虫发生，因此秀珍菇的产量高，经济效益好。熟料栽培秀珍菇特别适宜在夏季栽培。对于不适宜进行二次发酵栽培，或没有掌握二次发酵技术的生产者来说，熟料栽培秀珍菇这种方法是一种可靠有效的高产栽培方法。其栽培场地，既可设在室内，也可放在田间大棚里。熟料栽培秀珍菇可以参照下列配方和生产工艺进行操作。

一、培养料的配方

配方一：棉籽壳 70％、稻草 20％、米糠 10％。

配方二：棉籽壳 60％、稻草 20％、麸皮 10％、菜籽饼粉 8％、石膏 2％。

配方三：蔗渣（或棉籽壳）50%、稻草 30%、菜籽饼粉 7%、米糠 10%、石膏粉 1%、石灰粉 2%。

配方四：棉籽壳（发酵处理）70%、玉米粉 5%、米糠 20%、石灰粉 2%、石膏粉 1%、磷肥 1%、尿素 1%。

生产时根据当地原材料来源的实际情况，选择上述任意一个配方进行配料。此外，也可利用一次发酵料直接装袋，但利用一次发酵料时，装袋之前，要喷甲醛来消除培养料中的游离氨，否则接种后菌种不能萌发生长。或者将一次发酵料晒干后使用。使用时，再加水拌匀，装入袋中。

二、制作方法

使用蔗渣做培养基栽培秀珍菇时，要将蔗渣打碎后再使用。论其产量以棉籽壳作主要原料为好。菌渣栽培秀珍菇其中又以栽培过金针菇的菌渣较好，因金针菇对棉籽壳的利用率低，残留的养分多。此外，还可利用栽培过黑木耳和平菇菌渣来栽培秀珍菇。以木屑为主要成分的菌渣效果不好。有霉菌污染的菌渣更是不能利用其栽培秀珍菇。

利用菌渣栽培秀珍菇进行培养基配料时，首先要按配方比例称取各种原料，将干料混合拌匀后，再加水拌和，拌至含水量为65%左右为止。拌料的方法有 2 种：一是手工拌料。即用铁锹铲料，来回翻动拌匀，边翻动边拍打原料，让水浸入料中。二是机械拌料。机械拌料有多种方式。有的是将原料和水装入拌料机料槽内，开动机械，拌匀干料后，再加入水拌料。有的是过腹式拌料，先将主料平铺在地面上，再在上面均匀地撒入辅料，翻动混合拌匀后，加入所需量的水，然后翻动混合，搅拌均匀。再将料送入拌料机内，利用高速旋转的叶片，将料打散拌匀。一次没有拌匀的，可拌多次，直到拌匀为止。水分含量的掌握，是拌料的关键，以用手握料，无水滴出，但在手指缝间有水迹可见为宜。一般干料与水的比例为 1∶1.4～1.5。料拌好后，可直接装袋。

三、装　袋

栽培秀珍菇装料用的塑料袋是聚乙烯材料做成的，菌袋规格为18 厘米×35 厘米，或者 20 厘米×42 厘米，也有使用 17 厘米×33 厘米规格的菌袋栽培秀珍菇的。利用直立放置菌筒出菇的，塑料袋长度以 30 厘米为宜，横卧埋土出菇的，塑料袋长度以 42 厘米为宜。

人工装袋，将培养料装入塑料袋时，要边装料边压紧。但是，由于培养料是以发酵料和菌渣为主，通透性差，所以装料不要太紧。如果装料过紧，料中的通透性下降，菌丝生长速度减慢，就会延长菌丝长满菌袋的时间，还容易造成杂菌污染。培养料装袋结束后，将两端袋口用扎口绳子扎好，或者套上颈圈，用塑料薄膜封口。不宜用纸封口，用封口纸封口在灭菌时易受潮破裂，袋口的培养料会失水干燥，使接种后的菌种不易萌发生长。

料袋装好培养料后，要及时进行灭菌处理，不宜放置太长时间，以免料中出现厌氧发酵，造成培养料变质和大量杂菌长出。尤其是夏季高温季节栽培秀珍菇，制袋更要缩短时间，以免菌袋内培养基质发酵变质。

四、灭　菌

将装好的料袋装筐或者整齐地码放到灭菌锅内，留好蒸汽流通通道，使用高压蒸汽灭菌锅或简易常压灭菌灶进行灭菌。利用高压蒸汽锅灭菌的，当压力上升至 0.05 兆帕时，放掉锅内气体。当压力又上升至 0.05 兆帕时，再放气 1 次，然后继续加热，使压力升高，当压力升至 0.15 兆帕后，保持 3 小时，即可达到灭菌的目的。灭菌结束后，缓慢放掉锅内气体，打开锅盖，稍冷却后取出料袋运送到接种室等待接种。

使用简易常压灭菌灶进行灭菌时，将料袋放入灭菌灶内，密封好灶门。灶门一定要封严,才可避免因大量漏气而使温度难以上升。在灭菌初期,要加大火力,烧开锅内的水,产生大量的蒸汽,升高灭菌灶内的温度。当灭菌灶内的温度上升至100℃左右后,保持12~15小时,即可达到灭菌目的。若灭菌灶的容积较大,装袋数量达到1000袋以上时,则要延长灭菌时间,至少要保持20小时以上,才能彻底灭菌。在灭菌期间,要注意补充水分,防止锅内的水被烧干,烧坏铁锅和烧焦灭菌仓内下层料袋。现在研制出了以蜂窝煤作燃料的灭菌灶,只要一次加足水和蜂窝煤,煤燃烧结束后,灭菌就告结束,使用十分方便。如船形灭菌灶,一次加足水后,加蜂窝煤380块,煤块燃烧完毕后,灭菌就结束了。

五、接　种

将经过灭菌的料袋搬运到接种室,放入接种箱或接种室内,冷却至30℃以下时,就可以开始接种了。当灭过菌的菌袋放入接种室后,要对接种场所进行消毒处理。消毒时,可用甲醛与高锰酸钾混合所产生的气体熏蒸杀菌,或者用气雾消毒剂点燃后产生的烟雾来熏蒸杀菌。在接种前2~3小时开始熏蒸杀菌,待刺激性气味散去消失后,就可开始接种操作。

接种用的容器和工具,也要进行彻底消毒后再使用。栽培种瓶外壁,要用消毒剂,如0.1%~0.2%高锰酸钾液、0.25%新洁尔灭液、2%来苏儿或75%酒精等进行擦洗,瓶口内壁也要用以上消毒剂进行杀菌消毒。接种工具,要用消毒剂浸泡杀菌消毒后,再用酒精消毒处理,或者将接种工具放在酒精灯火焰上灼烧杀菌。操作者的双手,也要用消毒剂擦洗杀菌消毒。

接种时,一般由2个人在接种箱内操作,1人打开袋口,另1人将秀珍菇菌种放入袋口内,并在袋口四周都放上菌种。不要将菌种只放在袋口上,以免菌种失水干燥,不萌发生长。接上菌种后,要在料袋2个端口套好颈圈,并用已灭菌的干燥纸内衬塑料薄膜封口。一般1瓶秀珍菇栽培种，可接种10袋左右，接种量不宜过少。接种时一定要用菌种完全覆盖培养基质料面，不能有培养料裸露在外，以免造成杂菌感染。

六、培　养

培养室要求洁净，干燥，遮光，容易调节温度。在放入菌袋培养之前，要对培养室认真进行打扫，并喷洒杀菌剂和杀虫剂进行环境处理。培养室内可设置床架，以便充分利用培养室的空间，有利于保温发菌。培养床架用竹竿、木材或钢材制作。培养架宽80～100厘米、高250～300厘米，相邻两层间距50厘米。培养架之间相距70厘米，用作人行道。无床架时，可直接将菌袋放在地面上培养。冬季培养时，管理工作以保温为主。夏季培养时，管理工作则以降温为主。

经严格消毒和无菌条件下接种后的菌袋可立即搬到菇棚发菌培养。通常利用栽培大棚的水泥通道进行发菌培养，在培养菌袋之前要对大棚内进行空间和地面消毒杀虫处理，通风换气后在通道上铺撒1层石灰粉。春季生产的菌袋，由于环境气温较低，接种后菌种萌发慢、秀珍菇菌丝走菌慢，为了提高菌袋周围小环境的温度，菌袋应进行墙式堆叠，堆叠高度为8～10层，菌墙与菌墙之间的间距为10厘米，中间留50厘米走道，外覆盖塑料薄膜，利于保温，每天中午揭开塑料薄膜通风透气30分钟，每间隔10天翻堆选杂1次，拣出被污染的菌袋。定时测量堆间温度，菌袋堆间温度高于30℃时应加强通风降温，使堆内温度降至25℃。秋季生产的菌袋，接种后若环境气温高于30℃，菌袋每行间距3厘米；也可墙式2～3层堆叠，菌墙间距10厘米，不再覆盖薄膜，夜间进行通风降温，每间隔5天翻袋挑菌1次；若气温较适宜，可以将菌袋直接上架摆放发菌。

在菌袋培养期间，要检查杂菌侵染情况，发现有杂菌侵染的菌袋,要及时拣出,防止传染给其他菌袋。特别是链孢霉侵染的菌袋要及时拣出,因为链孢霉生长极快,在7～10天就可长满料袋,并在袋口上形成孢子堆,孢子传播能力又极强,极易萌发,要早发现,早拣出。在链孢霉孢子未形成之前,就要把它侵染的料袋拣出。其孢子形成后的菌袋,要用塑料袋小心套好后,再搬出培养室,避免孢子被振动后掉出来侵染其他的菌袋。

冬季堆码培养菌袋时,由于上下层与中层之间温度相差较大,菌丝生长速度不一致,15天左右应翻袋1次,将上下层菌袋与中层菌袋调换位置排放。翻袋速度要快,并且边翻袋边盖上塑料薄膜,以免温度下降太大后保温发菌困难。

秀珍菇菌丝长满全袋大约需要40天左右的时间。长满菌丝的菌袋,再后熟养菌5～7天,要降温保存,防止高温烧死菌丝。或者运送到冷库进行低温刺激1个星期后出菇。

第八节　台湾秀珍菇栽培技术

台湾秀珍菇又名紫孢侧耳,别名小平菇、黄白平菇、美味侧耳。台湾秀珍菇形态优美、质地脆嫩、味道鲜美,属于高营养、低热能的菌类食品,颇受消费者欢迎。台湾秀珍菇含有蛋白质、糖分、脂肪、维生素和铁、钙等微量元素。其蛋白质含量高于一般蔬菜,富含10多种人体所必需的氨基酸。长期食用台湾秀珍菇有降血压和降胆固醇的作用。

一、栽培技术要点

(一)菇种选择

在秀珍菇系列品种中,不同温型的菌株都有。对台湾来说,目前大多是选择广温型的菌株,特别是高温型的优良菌株,这样可以做到四季均可栽培。同时还应选择优质、高产、出菇快、适应性广、抗逆性强、遗传性状稳定的菌株。目前在福建栽培的当家品种为袖珍2号品种，即使在炎热的夏季也能采收到菇，深受菇农的青睐。台湾秀珍6号菌株出菇温度5℃～32℃，菌盖淡褐色，抗逆性强，不易死菇，菌柄略粗、白色、菌盖厚、菌肉洁白细嫩，味鲜、脆嫩、耐低温，出菇转潮快，产量高；秀珍3号出菇温度15℃～35℃，灰褐色、菌柄白色、菌盖厚，产量集中，转潮快，味鲜，脆嫩，不用预冷刺激也能满袋出菇；秀珍205菌株出菇温度10℃～35℃，灰褐色，新选育品种，菌柄白色，菌丝生长旺盛，菌丝体满袋即出菇，转潮快，适应性强，适应各种培养料栽培。

（二）栽培时期

为了使制种过程不受杂菌的感染，同时节约能源，应选择在最适菌丝生长的温度范围内进行制种，一般在立秋后气温开始下降时开始制种。

（三）常用配方

配方一：棉籽壳96％、轻质碳酸钙1％、过磷酸钙1％、石膏粉1％、石灰粉1％。

配方二：杂木屑40％、棉籽壳55％、黄豆2％（使用时磨成豆浆加入到水中进行拌料）、石膏粉2％、过磷酸钙1％。

配方三：棉籽壳50％、甘蔗渣45％、玉米粉3％、石膏粉1％、过磷酸钙1％。

配方四；甘蔗渣60％、棉籽壳20％、木屑15％、黄豆3％（使用时磨成豆浆加入到水中进行拌料）、石膏粉2％。

（四）栽培方式

台湾秀珍菇栽培可以因地制宜选择相应栽培方式，在目前工厂化大规模栽培台湾秀珍菇中，采用落地墙式栽培最为适宜。这种栽培模式的优点是栽培数量大，便于管理与采收。

(五)管理方法

台湾秀珍菇出菇阶段应做到温、湿、气、光4个要素的协调管理和营养物质的及时补充，这样就能做到优质高产。

1. 建立冷处理系统　台湾秀珍菇出菇前要对菌袋培养基菌丝体进行变温刺激，特别是在夏季，每次进入催菇阶段，将菌袋分批运入5℃～8℃的冷库进行“冷处理”，每次冷处理时间为8～12小时。这一点非常重要，特别在夏季往往日温度大大超过出菇温度，不出菇或出菇不多，但只要将长满菌丝体的菌袋进行“冷处理”，就会再次出菇，达到高产与周年出菇的目的。

2. 建立控温、调湿、调气、调光系统　控温主要是拉大出菇房的昼夜温差，并在高温期进行“冷处理”；调湿主要是用超声波喷雾器进行微喷、细喷雾状水；调气主要是保持通风环境良好，采用正压送风系统，使出菇房内的二氧化碳浓度不超标，防止畸形菇产生；调光就是采用散射光照，在冬季适当增强光照强度，使台湾秀珍菇的菌盖不变成暗灰色，菌盖较为厚实。

3. 建立营养补充系统　台湾秀珍菇在多潮次出菇后，菌袋内的培养基质营养损耗较大。菌丝体开始老化退化，在日常出菇管理过程中经常喷水加湿，难免造成部分菌袋内积水，导致菌丝体透气不良，导致出菇减少，为此应进行“放小气”与“放大气”处理，并配制快丰收10 000倍液加0.2%磷酸二氢钾溶液等营养液浸泡菌袋使之营养得到及时的补充，可再次提高台湾秀珍菇的产量与品质。也可以使用注水针高压注射营养液。

二、采收与保鲜

一般经过5～7天的管理。当秀珍菇的子实体菌盖平展，边缘内卷，菌盖直径为2～2.5厘米，未进入快速生长期时即可开始采收。采收时不是丛生密集的菇体，要采大留小，丛生的秀珍菇可以整丛采下来。采收后要及时进行分级，包装。目前秀珍菇的市场分级标准一般如下。

一级菇：菌盖直径2～3厘米，菌柄长度4～6厘米，剪去老化根、菇脚，菌盖褐色或灰白、无裂边，菌柄白色，含水量85%，无任何发黄、农药残留等异常情况。

二级菇：菌盖直径3～4厘米，菌柄长度5～7厘米，菌柄不带残渣，有少量菇裂边，含水量80%～85%，无其他任何异常情况。

等外菇：市场上等外菇视同平菇，菌盖直径超过4厘米，菇脚较长，容易裂边。未经过分级的秀珍菇也视同等外菇。

包装好的商品要及时送入保鲜冷库进行冷藏处理。库温应该控制在4℃～8℃。经过上述处理的商品，可以达到较长时间的保鲜效果。

菌袋采菇后要及时去除料面的老化根和枯死的幼菇及菇蕾。因为这种物质最容易受到虫害危害。直接刮至露出新鲜培养料为止。一潮菇采收完后，最好当天全部清除干净。菌袋清理完毕后，停止菇房喷水，加大菇房通风换气1～2天。保持室内空气相对湿度70%左右。养菌3～5天，让菌丝恢复生长。然后调水，进入下一茬菇的出菇管理。

第二潮菇出菇前需对菌袋进行浸水或注水处理，一般的浸水或注水可使菌袋增水100～200毫升，这就为出好下一潮菇提供了水分的保证。对有霉病的菌袋最好能分开处理，以防交叉感染。然后放入4℃～8℃的冷库中24小时，给予低温刺激，同时给杂菌以抑制处理。秀珍菇要获得明显的潮次，必须对栽培菌袋进行低温刺激处理。低温刺激期间可以对菇棚进行清洁处理，也可以用杀虫剂控制一下虫口密度。将菌袋从冷库中搬出后，尤其要注意保湿管理。待菇蕾再次显现后，管理方法与第一潮菇，此时通风与保湿显得尤为重要。第三潮菇、第四潮菇及五、六潮菇等的管理方法与第二潮菇类似，关键是养菌与补水的处理方法要得当。

台湾秀珍菇应注意及时采收，一般在菌盖长至3厘米时就应采收。销往超市的台湾秀珍菇规格：菌盖直径为2～3.5厘米，将其送到加工车间，立即进行分检、分级，按市场要求进行保鲜包装。在库存与运输全程应保持5℃～8℃，防止因提早开伞与老化变色造成损失。

第九节　新法栽培秀珍菇

我国领土辽阔，面积广袤，东西南北跨度大，气候具有多样性，农业生产要遵循因地制宜的原则。秀珍菇栽培方法多样，不管采用哪一种栽培模式，其目的都是一样的，获得优质高产的秀珍菇产品。栽培方法的改变，育种技术的革新都是一种创新的举措。

一、栽培场所选择

选择远离畜禽栏舍、无污染、通风良好、靠近水源的场所搭建出菇大棚。搭建菇棚要求地面平整，地势较高，水源充足无污染，排水良好，交通便利，周围环境清洁。

二、大棚搭建

秀珍菇菇棚通常采用竹木结构，大棚长30～50米，东西走向，宽10～12米。地面用三合土夯实或灌筑水泥地面，地面自中线顺南北方向向两边倾斜，坡度1%左右，这样有利于排水；棚内南北和东西走向的中间通道宽1.8米，通道最好是水泥地面；棚顶南北向呈圆弧形，周边高2.5米，近走道处高4米，棚顶至地面覆盖0.08毫米厚的塑料薄膜，上面再覆盖2厘米厚密织草帘，所有透气孔和门窗必须安装30目塑料防虫网，夏季在菇棚外围覆盖遮光率90%的遮阳网；在大棚内部通道的两侧，根据每批次出菇菌袋量所占栽培数量，分别搭建边高2.2米，中高2.7米，宽5米的室内拱棚，覆盖薄膜形成各个相对独立的小区；栽培架与通道垂直排列，间隔为0.8米；底层支撑杆距地面20厘米，向上间隔60厘米设固定支撑横杆，否则菌袋堆叠太高容易倒塌；每座菇房容量约6万～7万袋，太小则棚内环境不易控制，太大则管理不便。集约化规模生产秀珍菇的菇房按此规格并排搭建。

三、冷库建设

秀珍菇具有低温刺激才能出菇的特性，这样就需要建设冷库（最低温度4℃）满足菌袋出菇前进行低温刺激的需要，冷库的容积必须与每批次所需要低温刺激的菌袋数量相配套。例如：20万袋规模的菇场，按转潮时间20天计算，每天工作量为1万袋，配套的冷库占地面积约60米^2。

四、菌种选择

秀珍菇虽属于中温型的菌类，子实体生长温度为12℃～36℃，但可根据出菇中的温度高低分为高温菌株和低温菌株，适宜夏季出菇应选用高温菌株，适宜冬季和春季出菇应选用低温菌株。要避免因株型选择不当而造成不出菇，少出菇现象。选择适龄、粗壮、洁白、无染菌污染的菌种进行栽培，有杂色斑块、干枯收缩、吐黄水等现象的菌种不能使用。

秀珍菇试管母种要求菌丝粗壮、脉络分明、洁白、无污染。原种培养基基质选用杂木屑和棉籽壳。栽培种最好是麦粒或者谷粒菌种，其优点是麦粒培养基营养丰富全面，转接菌袋后萌发快定植快，菌袋感染杂菌率低、尤其是在春季制袋生产更为重要，菌龄以菌丝长满瓶后5～7天最好。

五、栽培季节安排

利用自然温度栽培秀珍菇，一般以12月初制栽培种，翌年3～4月份制栽培袋，6～8月份出菇；集约化栽培秀珍菇，利用冷库低温刺激，变温出菇，就不会受季节的制约。一年四季都能出菇，以满足市场对秀珍菇的需求。

六、培养基配方

配方一：木屑78%、麦麸皮15%、玉米面3%、黄豆2%（使用前磨成豆浆，加入水中拌料）、石膏粉1.5%、磷酸二氢钾0.5%。

配方二：棉籽壳44%、木屑40%、麦麸皮12%、玉米面3%、石膏粉1%。

配方三：棉籽壳30%、粗木屑21%、细木屑30%、麦麸皮15%、石灰粉1.5%、轻质碳酸钙1.5%、红糖1%。

配方四：棉籽壳20%、粗木屑20%、细木屑36%、麦麸皮20%、石灰粉1.5%、轻质碳酸钙1.5%、白糖1%。

七、原辅材料预处理

秀珍菇菌丝对木质纤维的分解利用的能力较弱，所使用的木质原料最好需要进行软化分解处理。处理的方法是：生产前2～3个月将粗木屑置于水泥场地上浇透水，每间隔7天翻堆浇水，使木质纤维膨胀软化并利用堆内微生物的发酵作用初步分解纤维；棉籽壳和细木屑在生产前3天用1%的石灰水淋透，每隔1天翻堆一次备用。处理过的原料生产的菌袋接种后具有菌丝萌发好、吃料快、污染率低，菌袋开袋后不易污染杂菌，生物转化率高等优点。

棉籽壳或麦麸皮要求新鲜、无霉变，使用前在烈日下暴晒3～5天。料水比为1∶1.2，pH值为6～6.5，料拌好后堆制2小时装袋灭菌。

八、菌袋制作

选用 17 厘米×35 厘米，厚 0.05 毫米规格的低压聚乙烯塑料袋装料，每袋装干料 0.5 千克左右，装袋工作应在 4 小时内完成。常压灭菌灶温度应在 4 小时内达到 100℃，并维持 8～12 小时。灭菌结束后冷却至 25℃左右时，按无菌操作要求接种，用种量 10%左右。接种后的栽培袋移入培养室，在黑暗下保温 24℃～28℃，空气相对湿度 60%～70%下发菌，通风换气，30～35 天菌丝可长满袋，然后再让菌丝体后熟 1 周，将菌袋转入冷库进行低温刺激，做出菇前的准备工作。

九、覆土出菇

袋栽覆土出菇是秀珍菇栽培的一种新模式。采用该模式栽培的秀珍菇具有菇形好、产量高、易出菇、省时省力等优点。它也是目前栽培中较为先进的方法之一，特别是反季节覆土袋料栽培秀珍菇，生产出优质的秀珍菇在夏、秋市场售价高，经济效益好。反季节覆土袋栽秀珍菇技术介绍如下。

（一）调　湿

菌筒覆土后，畦沟应保持一定的水位。菌筒含水量大时，水位宜低些；菌筒含水量小时，水位宜高些（不能浸到菌筒）。菌筒较干时，可将畦沟中的清水直接浇到菌筒上，一般每天浇 1 次，夏天、晴天可多浇些，秋冬、阴天可少浇或不浇。

（二）催蕾出菇期管理

成熟的菌袋在冷库低温刺激结束后，应及时将菌袋搬运到出菇大棚内，在菌袋培养基表面覆土 2～3 厘米厚，加大昼夜温差刺激促使秀珍菇原基形成。夜间加大通风降温，白天增温，保持棚内空气相对湿度 80%～85%,温度过高时应适量喷水。每天开通风孔 2～3 次,促使菇蕾形成,菇蕾在覆土表面有米粒和黄豆大小时,每天早、中、晚各喷水 1 次,以地面和菇蕾潮湿为度。出菇期保持温度 18℃～25℃,白天适当增加光照,促使秀珍菇子实体颜色加深,正常发育。

第一潮菇的出菇管理:第一潮菇养分积累最集中,产量也是所有潮次中最高的。菌袋搬入栽培房后,应将菌袋颈圈取下,把袋口打开,并刮去培养基表面已经老化的菌种,这项管理工作叫做“搔菌”。“搔菌”结束后,立即覆土,覆土厚度 2～3 厘米。此时菇房应该勤加喷水,在喷水的同时给予适当通风,大棚内空气相对湿度要达 90%左右,菇棚内的温度保持在 25℃左右。当看到覆土表面上有秀珍菇原基开始分化,并形成大量菇蕾时,每天给予一定的散射光照射,这样连续保持 3～5 天。此时应增强通风和光照时间,或全天通风,但菇棚内的空气相对湿度一定要保持在 85%～90%。这个阶段菇蕾分化很快,待菇柄伸长至 3～4 厘米,菌盖直径达 2 厘米即菌盖渐平展时,可用细眼喷雾器勤加喷雾,雾点可直接喷在菇体上,要细喷和勤喷。在合适条件下约 1 天后即可采菇,采菇后,除去覆土上的老根和一些没有分化的原基,刮完后不可直接向菌袋喷水,以免造成覆土层土壤板结通气不良,如果菇房中菌袋出菇不太整齐,则需将新采完的菌袋转移,以方便对其他菌袋的出菇管理。一潮菇全部采完后,最好当天全部刮净(刮去菌袋覆土层表面老根和枯死的幼菇及菇蕾,这些地方最容易受双翅目昆虫的危害而烂菌包),此时菇房的空气相对湿度应维持在 65%～70%,这样使培养料表面干燥一些,可防止霉病的大量发生以及部分虫卵的孵化。为避免空气太干燥,每天可用喷雾器或者空气湿度加湿器稍微喷一点细雾,在此条件下养菌 7～10 天。

第二潮菇的出菇管理:第二潮菇出菇前需要对菌袋进行喷重水处理,喷水前检查菌袋表面覆土干湿情况,覆土干燥就要重喷水，覆土层湿润就少喷水，然后将菇棚内温度降至8℃左右进行24小时低温刺激，在对菌袋低温刺激的同时也给杂菌滋生起到了抑制作用。期间，可以对菇房进行清洁消毒处理，可用杀虫剂控制虫口密度。菌袋低温刺激24小时后，将菇房温度升高至18℃～25℃，开始秀珍菇第二潮菇生产，出菇期间尤其要保持大棚内的空气相对湿度在85～90%，并增加菇房的光照时间和频次，待秀珍菇菇蕾再次出现后管理方法与第一潮菇相同。第三潮菇、第四潮菇以及第五潮菇的管理方法和第二潮菇管理方法相同（在以后几潮的出菇管理中关键技术是养菌和喷水的处理上要适度）。

十、采　收

菌袋覆土栽培秀珍菇，光照均匀，出菇整齐，待菇盖边缘内卷似铜锣状、直径不大于3.5厘米时应及时采收，采收时整丛菇全部采下，采收结束后及时修整菌袋覆土层表面，揭开菇房四周通风孔，通风4～6小时，降低棚内温度，再盖棚关窗养菌，拉大昼夜温差刺激准备再次出菇。

第十节　反季节栽培秀珍菇技术

秀珍菇反季节栽培不但可以弥补高温季节秀珍菇的市场空缺，而且秀珍菇还是夏、秋时节消费者的美味佳肴。因此，秀珍菇的价值比较高，但高温季节栽培秀珍菇必需做到以下几点。

一、栽培设施

要购买相匹配制冷设备和建造相应冷库，专业大户要购买移动空调，若1万～2万袋的小户可利用窗机空调改装成小型冷库。

二、菇场搭建

(一)选场要求

一是海拔较高,环境干净,夏季凉爽,周围有竹木的山沟;二是水源充足、水质干净、土质疏松、易排灌、无白蚁、方正大块的晚稻田;三是交通便利,原料来源广泛。

(二)搭 棚

一般每两畦立一排柱于畦沟边,柱高 2.8 米,其中埋入地下 0.5 米,棚内高 2.3 米。再用竹梢、竹片、细木棍、竹枝等纵横加密,上面覆盖稻草,棚外围栽种藤蔓类(豆、瓜、果)经济作物。

三、季节安排

(一)选择合理的制袋时间

高温反季节栽培秀珍菇的出菇时间一般在 6 月底至 7 月初,因此,制袋时间可安排在 3 月中旬至 4 月底,制袋时间防止过早和过晚,过早容易异常出菇而造成营养损耗,制袋时间过晚,进入 5 月份气温上升快、空气自然湿度高易造成杂菌对菌袋的感染。

(二)合理配制培养料

高温季节培养料容易引起酸化而阻碍秀珍菇菌丝的生长。所以,培养基料中的石膏粉用量要由 1%提高至 2%,把石灰的用量提高至 1.5%~2%,同时含水量控制在 60%~65%。

四、品种选择

选择耐高温、菇形美观、菌肉厚实、菇柄粗壮、产量较高、适宜保鲜或干制出口的品种如京秀1号、秀珍2号、秀珍3号、秀珍8号等优质品种。

五、菌袋生产与发菌

（一）反季节栽培秀珍菇的培养基原料配方与制备

配方一：木屑50%、玉米芯26%、麸皮15%、玉米粉5%、蔗糖1%、石膏粉1%、石灰2%、磷酸二氢钾100克、硫酸镁25克。

配方二：棉籽壳92%、麸皮4%、蔗糖1%、石膏粉1%、石灰2%。

配方三：蔗渣50%、木屑32%、麸皮15%、石膏粉1%、石灰2%、尿素100克。

配方四：棉籽壳90%、谷壳4%、葡萄糖1%、蛋白胨0.5%、谷氨酸0.5%、麸皮3%、石灰1%。

配方五：干杂木屑75%、麸皮15%、玉米粉4%、黄豆2%（拌料时磨成豆浆加入水中搅拌均匀拌入培养料中）、蔗糖1%、石膏粉1%、碳酸钙0.5%、石灰粉1%、磷酸二氢钾0.2%、硫酸镁0.1%、食盐0.1%、活性炭0.1%。

栽培秀珍菇的原材料非常广泛，农村常见的棉籽壳、木屑、玉米芯、花生壳、豆秸、稻草、麦草、野草、废棉等都可作为栽培秀珍菇的培养料，以上原材料都应加工粉碎后使用，要求无杂质、无霉变、无油脂芳香原料掺入。

将备好的料加水拌匀，含水量控制在60%～65%。最好是使用拌料机拌料，拌料机多种多样，应该选择适合自己生产需要的拌料机。

拌料机拌料的优点：一是搅拌非常均匀；二是高档拌料机还可以自动控制培养料的含水量；三是拌料速度快，每小时可以拌料3～5吨；四是大大地提高了工作效率，降低了生产成本。

培养料含水量要控制在60%～65%,由于拌后的培养料含水量存在差异,为将含水量控制在适当范围,可以使用水分测量仪调控。

高温季节把培养料堆积发酵4～5天后再加入辅料装袋灭菌。菌袋要选高密度厚0.05毫米,20厘米×42厘米聚乙烯塑料袋,规格17厘米×33厘米。装料要求松紧适度,以培养料紧贴袋壁为准,人工装袋每小时60袋左右,劳动力成本高,装袋质量差,应予淘汰换为使用装袋机装袋。

装袋结束后立即进入灭菌工作环节,常用的灭菌方法有常压蒸汽灭菌法和高压蒸汽灭菌法。常压蒸汽灭菌20～24小时后待料温降至60℃左右时打开灭菌灶。出灶的料袋移到经消毒过后清洁的接菌室内,袋内培养基温度降至30℃以下时关闭门窗,用菇友牌优氯净消毒粉10克/米^{3}或者是全力牌复方熏蒸消毒剂每片熏5米^{3}的用量灭菌5～6小时就可进入接种室接种。每瓶(袋)栽培种可接种20～30袋。接完种后,将菌袋置于常温20℃～28℃的场所培养,培养场所可用菇友牌菌室消毒王进行常规烟熏灭菌消毒,经30～40天菌丝长满袋后,再让秀珍菇菌丝体在培养室后熟7～10天后,就可以将菌袋移入冷库进行低温刺激。

(二)低温刺激菌袋

当秀珍菇菌丝长满菌袋后,再进行后熟培养7～10天就可进行低温刺激出菇。头潮出菇,把发菌成熟的菌袋放入周转筐中直接入冷库(或其他制冷设施)预冷,秀珍菇菌袋进入冷库低温刺激时间不低于24小时,预冷结束后,在出库过程中,边割袋口边上架或码堆。从第二潮菇预冷开始,以后每潮菌袋入库预冷,周转筐在冷库中边摆袋边向菌袋口淋水,以跑马水的方式充分淋透菌袋。低温预冷要求:冷库温度控制在4℃～8℃,时间要保持8小时以上。

(三)采收与贮藏

鲜菇采收适时是当秀珍菇菌柄长到4～7厘米，菌盖直径2～3.5厘米，内卷未开伞就应及时采收，秀珍菇生长极其迅速，商品菇的采收时间比较集中，一般从幼菇长成商品菇只需几个小时的时间，不及时采摘，就会超出商品标准而降低价值，因此采摘人员要充分准备和组织。采下的鲜菇应及时挑选封包进保鲜库冷藏，来不及挑选或封包的应先进保鲜库冷藏，以免自然开伞而降低商品菇的价值。

(四)休生养息

秀珍菇采收结束后，掀起大棚四周的薄膜，停止喷水，让其自然通风并结合搔菌，清除死菇和菇脚，让菌袋培养基料面稍干而使料面菌丝恢复生长，及时清扫地面的死菇和菇脚，以免滋生杂菌和害虫。休生养息一般是7～10天。在入库进行第二次低温刺激前1天，用地下冷水多次喷洒架上菌袋料面，使袋料尽可能吸足水分。

培育健壮的菌袋基质是高温反季节栽培秀珍菇成功的关键，健壮的菌袋基质可提高其抗逆性，增强菌丝的抗杂能力，在菌袋培养过程中，要创造适宜菌丝生长发育的环境条件，要做到适温、通风。菌袋培养期间棚、室内光线要尽可能黑暗以防过早分化原基。另外，在出菇管理时，还需要做好黄菇病的防治工作。

六、出菇管理

高温季节秀珍菇生长极其迅速，从冷库低温刺激到出库进入出菇大棚时间是5～7天；从催蕾到第一潮菇采收结束一般只要7天左右时间。因此，出菇管理过程中湿度和通风的控制更为重要。

(一)湿度控制

秀珍菇从原基分化成小菇到成熟只需 2～3 天,其生长迅速,出菇密集,所以水分消耗量集中而且较大,应在不同生长时期给足水分,保证菇棚内空气相对湿度达到 85%～90%。菌袋出冷库入菇棚后可用地下冷水直接喷洒料面(此期约为 24～36 小时即原基分化前),此期每天喷水 1～2 次,保持培养基料面不失水即可;秀珍菇原基分化成小菇后,喷水增湿要用室温下的水,并且水滴尽可能雾化,最好使用空气加湿器进行喷雾。此期每天可喷水或者喷雾 2～4 次,具体看菌盖表面水分的蒸发量,若菌盖易干,就要增加喷水或者喷雾次数,或者加大喷水喷雾量,菇若发白及菌盖卷边开裂都说明菇棚内空气湿度不足;不能直接用地下冷水喷洒菇体,否则易造成死菇。

解决方法:在出菇棚外建一个简易的水池,将抽出来的地下水在池中存放 1～2 天,使水的温度与菇棚内的温度相当。

(二)空气调控

秀珍菇栽培对其生长环境的空气也有特殊要求,因其商品菇要求柄长 5～7 厘米,这就需要提高菇棚内的二氧化碳浓度来实现,生产措施是采用蔬菜大棚塑料薄膜覆盖小棚来实现其生长环境要求,这也就是为什么要分成若干小棚的原因。把小棚用大棚塑料薄膜像挂蚊帐一样罩起来,通过掀动薄膜来调控其不同生长时期的空气,在秀珍菇原基分化成小菇蕾前结合喷水适当通风,形成小菇后,每次喷水结束,不要马上关闭棚门,让其通风 0.5 小时左右,当菇柄长至 3～4 厘米时,应掀开两头的棚门,让其自然通风,使菇柄由纤细向粗壮生长,提高其商品性状及产量;出菇以后密切关注通风情况,特别是菇的迅速生长,在大量喷水增湿的同时,如果不适当加强通风换气,极易引起各种病害而造成死菇,通风情况还需视菇的生长情况灵活掌握，切忌外来风直吹进小棚。

（三）调　温

反季节袋栽秀珍菇应着重于夏季的降温工作，如适当加厚荫棚覆盖物，最好在荫棚外围栽种藤蔓类植物，既降温又增氧，还可让水在畦沟中畅流，并适当增加浇水的次数。

（四）调　湿

菌袋经过冷库预冷低温刺激后搬进大棚变温出菇，大棚内的空气相对湿度要保持在75％～90％。如果空气湿度不够，每天早、中、晚用喷雾器或者空气湿度加湿机向空中喷雾状水1次，夏季、晴天可多喷，秋冬季、阴天可少喷或不喷。

（五）调　气

薄膜不应盖严，覆膜仅为挡雨，应确保通风。高温、高湿季节更应保持大通风，才能防止菌袋霉烂，延长出菇期，提高产量和质量。

（六）调　光

最适宜秀珍菇出菇的光线为“三阳七阴”，夏季为了提高降温效果，可将遮阳度调至“二阳八阴 ”，冬季为了提高增温效果，可将遮阳度调至“四阳六阴”。

（七）采　收

秀珍菇子实体成熟的标志为菌盖直径2～3厘米，菌盖边缘内卷，孢子尚未弹射时采收为宜。采收时一手压住培养料，一手抓住秀珍菇菇体轻轻扭转即可拔下。秀珍菇多为丛生，采收时必须整丛一次性采收完，然后清理修整菇脚即可进行小包装上市。秀珍菇采完后，菌袋内培养基料面残留的菇脚应用不锈钢工具清理干净，防止残留的菇脚腐烂后滋生杂菌。

第十一节　菇面追肥选配

一、喷施宝

每支 5 毫升加水 50 升，喷施后能使出菇整齐、菌盖大小均匀，菇盖变厚。

二、叶面宝

使用方法和用量同喷施宝。

三、高产灵

每袋 125 克加水 80 升，出菇前喷施能使出菇提前、出菇多，菇盖厚、结实。

四、菇宝丰产素

每瓶 100 毫升，加水 200 升，当秀珍菇原基形成后喷施能使出菇提前、出菇多，产量提高 10％左右。

五、菇乐

每袋 5 克加水 60 升，喷施后能使秀珍菇出菇整齐，促使菇体成熟。

六、蜂花醇

每瓶 5 毫升加水 30 升，喷施后能使秀珍菇出菇提前、增产 30％左右。

七、稀　土

每袋 10 克加水 100 升，喷施后能使秀珍菇出菇提前、整齐，成活率高。

八、新秀珍菇 2 号健壮素

每袋 90 克加水 50 升，能使出菇多，菇体变白、肥大。

九、菇丰素-2 型

每袋 50 克加水 20 升，喷施后能提高秀珍菇幼菇成活率，使菇体肥大，延长采摘期。

十、庆 丰 收

每瓶 25 毫升加水 120 升，能使秀珍菇出菇提前、菇体增大增厚，延长采摘期。秀珍菇出菇期喷施，出菇齐密，菇壮整齐，可提高产量 20%以上。采菇前喷施能保持色质更鲜嫩。

十一、恩　肥

每瓶 10 毫升加水 10 升，能使出菇提前，提高幼菇成活率，使菇体增大增厚。

十二、福 菇 肽

每瓶 100 毫升加水 0.65 升，能使出菇提前，幼菇成活率提高，菇体变大。

十三、菇　宝

每袋 7 克加水 15 升，能使出菇提前、整齐，批次明显，菇体增大增厚。以上 13 种菇面追肥的使用方法如下。

①出菇前浸泡、浇灌、喷洒。

②出菇后待菌盖完全分化成形后轻喷细雾，以后随菇体长大而加大用量。使用量为每潮菇每平方米2～4升。

十四、菇面追肥使用效果

前8种可增产15%～20%，后5种可增产20%～30%，如与1%蔗糖液、0.5%尿素液、0.4%磷酸二氢钾液、0.2%硫酸镁液混合使用，效果更好。

第六章 秀珍菇的贮藏保鲜

秀珍菇采收后，鲜菇若长时间暴露在干燥的环境里，会散失水分，菇体强烈收缩，起皱，质地变干发硬。同时，因菇体的后熟作用，其生理活动并未中止，某些氧化酶（如多酚氧化酶）能促进组织内的化学物质转化，使菇体出现呼吸作用加快，变褐、液化、失水并丧失固有的秀珍菇鲜味。另外，附着在菇体表面的各种微生物的繁殖生长，还能引起软腐，产生恶臭，甚至产生有毒的物质，最后导致腐败等。

为了延长秀珍菇保鲜时间，将鲜菇贮存在自然温度较低、环境湿度较高的条件下，或采用人工方法进行冷藏，均可延长秀珍菇的货架寿命。将鲜菇用某些抗氧化剂、植物激素进行处理，或降低pH值以抑制酶活性，也能适当延长秀珍菇保鲜时间。由于保鲜技术的不断发展，现在还出现了冷冻保鲜、速冻保鲜、气调保鲜和辐射处理等新的保鲜技术，能收到更好的保鲜效果。在人口比较集中的城市，各种鲜菇都是充实“菜篮子工程”的重要组成部分，掌握这些新的保鲜技术，对发展我国的鲜菇市场，增加栽培者的经济效益，具有很重要的现实意义。

随着社会的发展及科学技术的进步，食用菌加工技术日新月异，方法也千变万化。当前主要的加工方法有干制加工（晒干、烘干、冻干、膨化干燥等）、腌渍加工（盐渍、糟渍、酱渍、糖渍、醋渍、酒渍等）、制罐加工（食品加工）、软包装加工、精细加工（蜜饯、糕点、米面、糖果、休闲食品等）、深度加工（饮料、浸膏、冲剂、调味品、美容化妆品等）和保健药品加工（保健酒、胶囊、口服液、多糖提取等）等。

第一节　采收方法

秀珍菇因其营养丰富是颇受城乡人民喜爱的菌类蔬菜之一，栽培秀珍菇也是一项农民增收致富的重要途径，在采摘过程中要掌握好以下技术。

一、最佳采收期

秀珍菇基本上是在七八分成熟时外观最优美、色泽鲜润、口感好，这时采收就可以。秀珍菇七八分成熟的标志：菌膜已破，菌盖尚未完全开展，尚有少许内卷，形成“铜锣边”，菌褶已基本伸直，菌盖直径2～3.5厘米，此时为最佳采收期。总之，适时采收的秀珍菇，色泽鲜润，口感佳、味浓、菌盖厚、菌肉柔韧，商品价值高，过期采收的秀珍菇，菌盖已经充分开展，菌肉薄、菇脚长、菌褶色变，这时，秀珍菇的重量减轻，商品价值低。

二、采摘技术

秀珍菇采收要做到适时、无损伤、轻拿轻放、轻装。同时，采收前2天应停止喷水或少喷水，这样有利于秀珍菇的保鲜和加工。秀珍菇采收后要及时整理鲜菇，清除菌柄上杂物，并按商品要求剪去部分菌柄菇脚，分拣出破损、病虫害侵染的菇体。

三、适宜采摘天气

晴天采收秀珍菇有利于加工，阴雨天一般不要采摘，原因是阴雨天秀珍菇菇体含水量高，难以干燥，影响品质。当秀珍菇子实体已经老熟，不及时采收就要腐烂时，天气不好或者遇到连阴雨也要及时采收，但要抓紧时间加工，以免造成更大损失。

四、配置合适的盛器

采后的新鲜秀珍菇，要用小箩筐或小篮子盛装，并要小心轻放，保持子实体完整，防止互相压挤损坏，影响品质。采下的鲜菇要按菇体大小、朵形好坏进行分开，不能混在一起，然后分别装入盛器内，以便分等加工。

五、采摘前停水控温

作为保鲜出口或脱水干燥的秀珍菇产品，加工时必须排湿或脱水。如果采摘前喷水，菇体含水量高，加工鲜菇时菌褶变褐，脱水干制时菌褶变黑，产品就不符合出口要求。如果是内销，菇体水分过高容易发霉。因此，采收前不能喷水，让菇体保持自然含水量，使秀珍菇外表美观、滋润，商品价值高，好出售，销路畅通。

第二节 贮藏保鲜技术

一、真空预冷保鲜

真空预冷保鲜设备是专门为防止鲜菜、鲜果、鲜花、菇类等农产品在采收后贮运过程中鲜度和品质的下降而设计的。基本原理是将需要保鲜处理的产品放置在真空处理槽内，在低压下水分从被保鲜产品的表面蒸发出来，获得蒸发潜热的方法而达到冷却的效果。

真空预冷保鲜处理具有如下特点。

第一，秀珍菇鲜度、色度和味觉良好，保存时间长，市场价格高。

第二，秀珍菇表面晶莹，不会出现冷藏中的表面轻度失水现象，且可抑制开伞、防止菇脚切口变黄，抑制菇体变形等。

第三，冷却速度快，一般只需 20～30 分钟，而普通冷库需要 10～20 小时。

第四，冷却均匀、迅速，干净、卫生。

第五，雨天收获的秀珍菇或洗过的秀珍菇同样可以迅速处理，避免了秀珍菇出现内热发烧现象。

第六，极其适用于远距离的外贸出口和目前国内城市刚刚兴起的超市洁净菜、无污染无公害食用菌等的保鲜处理，具有广阔的应用前景。

二、冷藏保鲜

采收的新鲜秀珍菇经整理后，放入筐、篮中，用多层湿纱布或麻袋片覆盖。阴凉处放入大缸中，缸内盛有少量清水，水上放置木架，将筐、篮放于木架上，再用薄膜封闭缸口。

应用保鲜技术，采用简易包装、冷藏、低温气调贮藏等方法贮存。其中简易包装是将秀珍菇包装在塑料食品盒内或者有孔小纸箱中，这种方法简便易行、成本较低，适用于短期保鲜，结合冷藏保存，一般可以保持 10 天不变质，秀珍菇的外观形态也基本无变化。

三、休眠保鲜

秀珍菇采收后于 25℃以上室内放置 3～5 小时，使其旺盛呼吸，然后再于 0℃左右的冷库中静置处理 12 小时左右，20℃左右保鲜期为 4～5 天。

四、气调保鲜

气调保鲜法是以人工控制环境的温度、湿度及气体成分等，达到保鲜目的。

五、简易气调保藏

将新鲜秀珍菇贮藏于含氧量1%～2%、二氧化碳40%、氮气56%～59%的气调袋内，在20℃条件下，可保鲜8天左右。

六、“硅窗”袋保鲜

将硅橡胶按比例地镶嵌在塑料包装袋壁，就形成了具有保鲜作用的“硅窗”保鲜袋。该塑料袋能依靠“硅窗”自动调节袋内氧气与二氧化碳气体的比例，从而达到新鲜秀珍菇安全贮藏保鲜的目的。

七、辐射处理

辐射保鲜能有效地减少鲜菇的变质，起到较好的保鲜效果。辐射保鲜以$^{60}Co\gamma$射线照射秀珍菇，辐射剂量为5万～10万拉德，贮藏在0℃条件下，能较好地保持鲜菇的颜色、气味与质地等达到7～10天。

用$^{60}Co\gamma$射线处理纸袋或者塑料袋袋装秀珍菇，辐射剂量为8万～12万拉德，在14℃～16℃环境下保鲜2～3天，秀珍菇商品性状良好。

八、化学保鲜

化学保鲜就是利用化学物质抑制秀珍菇的呼吸强度，并防止腐败性微生物的活动。

九、食盐浸泡处理

将新鲜秀珍菇浸入0.6%盐水中约10分钟后，捞出沥干水分，装入塑料袋内，在10℃～25℃条件下贮藏4～6小时，秀珍菇就会变为亮白色，能保鲜3～5天。

十、焦亚硫酸钠喷洒

将0.15%焦亚硫酸钠水溶液喷向秀珍菇子实体，在15℃～20℃下，可存放5～8天。

十一、维生素B_9保鲜

用0.01%～0.1%的维生素B_9水溶液浸泡新鲜秀珍菇10分钟，在5℃～22℃下可保鲜5～8天。

第七章　秀珍菇的病虫害防治

第一节　秀珍菇病虫害的综合防治技术

一、秀珍菇病虫害综合防治研究思路

21 世纪是“绿色”的世纪，“绿色”食品强调“产品出自最佳的生态环境”，要求在生产上实行“从土地到餐桌”全程质量监控。近年来，生产、销售和食用无污染的优质食品——绿色食品已逐渐成为世界潮流，根据联合国粮农组织（FAO）、世界卫生组织（WHO）的要求，食品资源的开发要注意“天然、营养、保健”的原则，以上两组织的法规委员会（CAC）所颁布实施的食品质量全面监控条例（HACCP）、生产单位环境操作规程（GMP）和生产单位的产品操作规程（ISO－9000 系列）的核心内容是所有食品的生产从品种选育到栽培、加工、包装、贮运、销售的产业链全过程要求遵循无害化原则，在人为受控条件下进行。随着世界农产品贸易的扩大，各国都在强化自己的贸易地位，制定完善的标准和质量评价体系。食用菌是我国的传统出口产品之一，随着食用菌产品贸易的不断发展，要求食用菌产品从品种、原材料、水质、栽培加工环境、生产、加工全过程都要对产品的质量负责，并要求生产过程和产品的标准化、规格化。食用菌病虫害综合防治即在保证食用菌产品无农药残留的前提下，通过物理的、化学的以及生物的方法防治食用菌病虫害的一整套技术。食用菌病虫害综合防治研究思路：从食用菌－病虫害等整个生态系统出发，根据食用菌不同生育期病虫害发生危害情况，合理调整食用菌－病原物、害虫－天敌－环境之间的

相互依存、相互制约关系，充分发挥物理控制因素的作用和使用生物防治技术，不用或少用化学合成农药，从而创造不利于病虫害滋生的环境条件，并减少食用菌产品中的农药污染。如利用食用菌与病原菌、虫害以及环境条件、天敌的相互关系等，使用生物防治技术措施；通过食用菌病虫害预测预报，采用各种物理的或化学的方法进行预防，控制病虫害的发生；化学防治技术措施(包括化学药剂的使用剂量、使用方法、使用次数、休药期等)；使用高效低毒化学或生物药剂，控制病虫害的发生。

近年来，我国食用菌生产迅速发展，其病虫害的发生危害也日趋严重，病原物、杂菌、害虫以及螨类都能在食用菌组织中和培养料中生长发育。又由于食用菌本身的特点，如不在前期采取必要的预防措施、重视生态环境的控制，杂菌和各种虫害便会大量发生，对食用菌生产造成严重威胁。因此，食用菌病虫害的综合防治要强调预防为主，防重于治的原则，并尽量采用农业防治措施，减少化学药剂的使用，以避免对食用菌产生药害和造成污染。在栽培中，应遵循“预防为主，综合防治”的植保防治工作方针，合理配以生物物理方法，以化学防治为补救措施，充分发挥各种防治方法的优势互补。在防治上以选用抗病虫、抗杂菌能力强的品种，合理的栽培管理措施为基础，从整个菇类的栽培布局出发，选择一些经济有效、切实可行的防治方法，取长补短，相互配合，综合利用，组成一个较完整的有机的防治系统，以达到降低或控制病虫害的目的。把其危害损失控制在经济允许的指标下，以促进食用菌健壮生长，高产优质，将具有非常重要的现实意义。

二、秀珍菇生产污染的预防措施

(一)合理建筑设计

建筑设计布局要合理；灭好菌的菌种袋或菌种瓶要能直接进

入接种间，以减少污染的机会；接种室、培养室要经常打扫，进行消毒，要定期检查，发现有污染的菌种立即处理，不可乱丢；出厂的菌种要保证没有污染，不带病虫、杂菌；栽培场引进菌种要注意防止带入病虫害。

（二）做好栽培室和栽培场地的卫生工作

栽培场地要远离仓库、饲养场、垃圾场。搞好环境卫生，减少杂菌和害虫的隐藏和滋生场所，减少人为传播的机会，并尽量减少闲杂人员进入栽培室。栽培室的门窗和通风洞口要装纱网，在防空洞、地道、山洞栽培秀珍菇，出入口要有一段距离保持黑暗，随手关灯，以防止害虫飞入，传播病原。

栽培室在栽培秀珍菇前要清扫干净，架子、墙壁、地面要彻底消毒、杀虫。要特别注意砖缝、架子缝等处容易藏匿害虫的地方，对发病严重的老栽培室要进行熏蒸消毒，方法是每立方米容积用80毫升福尔马林和40克高锰酸钾混合液进行熏蒸。熏蒸时要密闭栽培室，2天后打开门窗通风换气24小时再将菌袋送入。也可用硫磺熏，用量为每立方米5克，密闭48小时，2天后进料。

（三）注意原料、菌袋、工具的卫生

麸皮、糠秕、稻草、棉籽壳等易发霉变质的原料，要妥善保管好，并严防有毒物质的原料混入培养料。废料、料块、老菌袋不要堆在栽培室附近，并须经过高温处理后再用。栽培室的新旧菌袋必须分房隔开存放，绝不可混放，以免老菌袋的病虫转移到新的菌袋上。栽培工具也要分开使用，并做到严格灭菌和消毒，以预防接种污染和各种继发污染的发生。

（四）把好菌种质量关

对刚分离的菌种，要从多方面进行观察，并要试种，看其经济

性状表现。对于引种,应按照质量标准挑选。在制种过程中,要经常检查和挑选,一旦发现污染,立即淘汰,确保生产菌种纯度,对于生产的菌种,要及时使用,以防老化,并控制传代次数。在栽培过程中,一旦发现有杂菌发生,应及时进行选杂处理。

(五)及时清除残菇,并进行消毒

采菇后要彻底清理培养基料面,将菇根、烂菇及被害菇蕾摘除拣出,集中深埋或烧掉,不可随意扔放。

(六)促菇抑虫抑病

秀珍菇在不同的生长发育时期对其生长发育的条件有不同的要求,要依照秀珍菇的生物学特性的要求对湿度、水分、光线、酸碱度、营养、氧与二氧化碳等进行科学的管理,使整个环境适合秀珍菇的生长而不利于病原菌和害虫的繁殖生长,即所谓促菇抑虫抑病。

(七)灭菌要彻底

栽培秀珍菇时培养料灭菌一般采用高压蒸汽或常压蒸汽灭菌方法。高压蒸汽灭菌应在 2 个大气压下保持 2 小时且进气和排气要十分缓慢。常压蒸汽灭菌要求 4 小时内使锅内温度达到 97℃～100℃。此后,对于灭菌仓应将上述温度保持 18～20 小时,灭菌结束后,待锅内温度降至 60℃以下时方可将灭菌物出锅。在接种前要进行消毒处理,严格按照无菌操作规程进行,具体做法是:将作菌种用的栽培种瓶拔去棉塞,用酒精灯燃烧瓶口,然后迅速放进接种箱,接种室必须提前用甲醛、高锰酸钾等高效低毒药剂进行消毒处理。

三、秀珍菇病虫害农业防治措施

(一)水浸法防治害虫

有些害虫由于浸入水中造成缺氧和促使原生质与细胞膜分离致死。但必须注意栽培袋无污染、无杂菌菌块,经 2～3 小时浸泡不会散,菌丝生长很好,否则水浸后菌块会散掉,虽然达到消灭害虫的目的,但生产效益将受到损失。其操作方法是:塑料袋栽培的可将水注入袋内,块栽培可将栽培块浸入水中压以重物,避免浮起,浸泡 2～3 小时,幼虫便会死亡漂浮,浸泡后的菌袋沥干水即放回原处。

(二)利用害虫的习性进行防治

有些害虫有着特殊的习性,如菌蚊有吐丝的习性,幼虫吐丝,用丝将菇蕾罩住,在网中群居危害,对这些害虫可人工捕捉。瘿蚊有幼体繁殖的习性,一只幼虫从体内繁殖 20 头幼虫。瘿蚊虫体小,怕干燥,若将发生虫害的菌袋在阳光下暴晒 1～2 小时或撒石灰粉,使瘿蚊幼虫干燥而死,可降低虫口密度。另外,还有一些鳞翅目的幼虫老熟后个体很大,颜色也鲜艳,在采菇和管理中很易发现,可以随时捕捉消灭。对落在亮处的害虫要随时拍打捕杀。有的幼虫留下爬行痕迹,要沿痕迹寻找捕捉消灭。

(三)秀珍菇病虫害药剂防治措施

在秀珍菇生产中,不提倡用化学药剂防治病虫害。秀珍菇是真菌,秀珍菇的病害也多由致病真菌引起,使用农药容易使秀珍菇产生药害。秀珍菇栽培周期短,尤其是出菇期使用农药,农药极易残留在子实体内,直接食用对人体健康不利。因此,要尽量减少化学药剂的使用。

用药剂治虫是一种应急措施，有时必须喷药，但用药前一定要将秀珍菇全部采完。菇房内发生眼蕈蚊、粪蚊可喷敌百虫500倍液。如果瘿蚊大发生，喷500倍液的辛硫磷或乐果能收到一定的效果。跳虫危害严重时，喷敌敌畏500倍液效果很好，但要注意秀珍菇对敌敌畏很敏感，浓度稍大时就可能出现药害。用磷化铝熏蒸秀珍菇害虫，根据多次试验，每立方米用3片(9.9克)对眼蕈蚊、菌蚊、粪蚊、跳虫及蛞蝓的防治效果都很好，但对瘿蚊则需要每立方米用10片(33克)，防治效果才理想。磷化铝吸收空气中的水分后分解，释放出磷化氢，该气体穿透力很强，能杀死菌块表层及内部的害虫，而对菌丝体及子实体的生长无影响，菇体内无残毒，熏蒸时菇房要密闭，操作人员应戴防毒面具，一定要按操作规程进行，熏完后菇房要密闭48小时，再通风2～3小时，才可以入内，以免中毒。

常用的杀菌药剂：甲醛、高锰酸钾、酒精、多菌灵、气雾消毒盒、新洁尔灭、升汞、碘伏、百菌清、硫磺。

常用的杀虫药剂：菇友康宁、菇友虫螨一熏绝、敌敌畏、二嗪农、马拉硫磷、溴氰菊酯、除虫菌酯、蛞蝓驱除剂等。

(四)农药防治秀珍菇病虫害的使用原则

(1)在出菇期间，使用农药要十分慎重，农药沾染在秀珍菇上，会造成食品污染。现在世界各国对食品中的残留农药检验都非常严格，农药残留会影响产品的质量和市场竞争能力。

(2)禁止直接将有剧毒的有机汞、有机磷等药剂用于拌料、堆料；残效期长，不易分解及有刺激性臭味的农药，也不能用于菇床。特别是床面有菇时，绝对禁止使用毒性强、残效期长或带有刺激性臭味的药剂。

(3)防治食用菌病虫害，应选用高效、低毒、低残留的药剂，并根据防治对象选择药剂种类和使用浓度。

(4)使用农药时,要先熟悉农药性质。滥用农药,有时会在覆土层或培养料表面形成一层有毒物质,影响菌丝生长,造成减产。

(5)尽可能使用植物性杀虫剂和微生物制剂。

(6)保护天敌,不可滥用农药。

(五)秀珍菇病虫害生物防治

生物防治在秀珍菇栽培中还处于起步阶段,但应用前景乐观,是实现无公害秀珍菇生产的关键技术。利用细菌制剂,如苏云金杆菌可防治螨类、蝇蚊、线虫;用植物制剂,如鱼藤精、烟草浸出液对多种食用菌害虫具有较好的防治效果;抗生素类药剂,如链霉素、金霉素防治秀珍菇的细菌性病害,效果理想。

第二节 秀珍菇生理性病害及其防治

秀珍菇在栽培过程中对环境因子的变化较为敏感,常因不良的物理、化学因素刺激出现各种异常症状,导致产量和品质的降低。

一、菌丝徒长

环境条件有利于菌丝生长而不能满足生殖生长要求时,菌丝体迟迟不结子实体,浓密的菌丝成团结块,导致出菇迟或不出菇,严重影响产量。

(一)菌丝徒长的原因

①在母种分离过程中,气生菌丝挑的过多,并接种在含水量过高的原种或栽培种瓶内培养基上,菌丝生长过浓密。用这种菌种栽培时,易发生菌丝徒长现象。

②管理不当,菇房通风少,培养料表面湿度大,不适于子实体

的形成。

③菌丝生长成熟后，当表面菌丝已发白并有黄色水珠产生时如不及时换气降温，料面上会形成白色浓厚的菌被。

(二)防治方法

①移接母种时，挑选培养基内半气生菌丝混合接种。

②加强菇房通风换气，降低二氧化碳浓度及空气湿度。

③降低培养湿度及料面湿度，以抑制菌丝生长，促进子实体形成。

④若菇床或者菌袋培养基表面已形成菌被，应及时用刀破坏徒长菌丝，喷重水加大通风量。

二、畸 形 菇

在子实体形成期遇不良环境条件，子实体易出现盖小柄长、菌盖锯缺、子实体不开伞等畸形，导致秀珍菇质量降低。

(一)畸形菇的种类

1. 菌柄中空　菇床上的秀珍菇看起来正常，但切掉菇脚，发现菌柄有一部分中空，在一个硬芯周围通常有一个环形空腔。而后菌柄切面可能裂开再向后卷，使秀珍菇失去美观，质量下降。这主要是出菇期空气湿度低，菇体水分蒸发快，覆土层过干，子实体得不到充足水分造成的。

2. 菌柄开裂　菌柄竖直开裂有时伴有水平开裂，使菌柄裂片向上、下卷起。这是由于秀珍菇开始生长在非常潮湿的覆土里，覆土干燥后，再迅速提高覆土湿度而诱发形成的开裂症状。

3. 菌柄肿大　偶尔可见秀珍菇菌柄肿大，可能在菌柄基部、中间或顶端。

4. 硬褶病　开伞的病菇，从下向上看，颜色苍白，菌褶很浅或不存在。如菌盖破裂，则菌盖通常显得比正常菇厚。

5. *丑形菇*　子实体分化看起来模糊不清，经常与秋季第一潮菇有关。不能正常发育而变成各式各样的丑形菇，从瘤状直至子实体形状尚可分辨但菌盖却奇形怪状。个别的子实体还可能连在一起。

（二）子实体畸形的原因

①菇房内光线不足或二氧化碳浓度过高会造成秀珍菇菌盖小、菌柄长。

②覆土土粒过大、土质过硬、出菇部位过低、机械损伤等，均易造成畸形菇产生。

③出菇期由于药害或物理化学诱变剂的作用，导致菌褶退化，菌盖锯缺等。

（三）防治方法

①合理安排栽种时期，避开高温季节出菇。

②调节适宜温度，适量喷水，以免出菇过密。

③慎用农药，注意农药种类、次数、时间和用药量，以防杀伤菇蕾。

三、水 渍 病

秀珍菇发病症状为清晰可见的进水区，特别在菌柄。如将秀珍菇揉挤，就会出水，而且有时成熟子实体会自发地流出大量清澈或有色的液体而后腐烂。

四、死　菇

（一）死菇原因

持续高温、通风不良、养分不足、用水不当、菌丝老化、酸碱度不适、出菇过密且部位过高、病虫危害、滥用农药等均可导致秀珍菇死菇。

(二)防治方法

1. 投足培养料　秀珍菇的生长发育和任何生物一样，需要有充足的营养基础。要使秀珍菇栽培获得高产，避免因营养不良而发生菇蕾死亡现象，在培养料配制时，要求投料量30～35千克/米^2，并认真做好培养料的堆制和发酵工作，这样有利于克服出菇后期因营养不足而死菇，从而获得高产。

2. 选用优质菌种　挑选菌丝生长健壮有力的菌钟。菌种培养基养分要充足，培养室清洁卫生，空气新鲜。菌种培养过程要经常检查温度变化，使菌丝在适宜的温度下生长，及时淘汰被污染的菌种。

3. 适时栽培　华北中南部一般于8月份备料、堆制，9月份播种。南方地区9月份备料，10月份播种。

4. 科学用水　水分管理应因天气、出菇量、因时制宜，晴天多喷，阴雨天少喷，菇多勤喷，菇少慎喷。结菇水要狠，出菇水要稳，转潮水要重，维持水要常。进行科学用水，避免喷关门水。

5. 通风换气　秀珍菇的正常生长发育必须吸收氧气，排出二氧化碳。高浓度的二氧化碳对子实体发育有害，菇棚长期通风不良，二氧化碳浓度过大，氧气不足，对秀珍菇生长发育带来不良影响，因此，在栽培中要注意通风换气。

6. 病虫防治　在秀珍菇栽培过程中对病虫害的防治要实施“以防为主，药剂为辅”的原则。彻底清除病原和虫源，防止病虫随培养料带进菇床。利用后发酵杀灭培养料中的病虫害，病虫害发生后及时清除病菇死菇，并用药物防治，以防病虫害扩大蔓延。

五、反季节栽培

在反季节栽培秀珍菇生产中，往往因生产条件的调控不到位而产生畸形菇，影响菇的商品质量及价值，使生产效益大打折扣。畸形菇的主要表现及防治措施如下。

（一）菌盖小而薄

表现为菌盖既薄又小，即使菇龄较长也无法长大，鲜食时没有秀珍菇的特殊味道。

1. 菌盖小而薄发生原因

菌盖小而薄主要是由于基料营养明显不足和出菇时环境温度偏高所导致。

2. 防治方法　如果基料营养不足，则可在浸泡菌袋时予以适当补充营养，也可采取“叶面施肥”的办法补充养分，比如喷洒食用菌三维营养精素，即可有效加厚菌盖厚度。夏季气温较高，应采取有效的降温措施，如果采用“水冷空调”进行降温，绿色环保，经济实惠，效果较好。

（二）菌盖灯罩形

菌盖呈尖头的灯罩形状，并且明显薄，商品质量严重下降。主要原因与上述相同，可参照上述方法进行防治。

（三）菌盖波浪形

菌盖边缘呈较规则的波浪形状，且较薄、较脆。

1. 菌盖波浪形原因　发生波浪形主要与幼菇发育阶段接受了较大温差，同时环境的湿度变化也很大，尤其当大水直接喷淋于菌盖时，很快就有较大风流吹过，而使得菌盖组织发育不正常。

2. 防治方法　当菇蕾发生后，应保持较平和的温度和湿度，尤其夏季反季节栽培秀珍菇时，菇棚的温度往往是决定子实体能否正常发育的基本条件。

(四)菌盖不正

具体表现为菌盖别三扭四,或狭长、或呈三角形等,总之不圆整是其主要特征。

1. 菌盖不正原因　幼蕾阶段菇蕾较多,没有及时疏蕾处理,待长至幼蕾阶段,菌盖分化后挤在一起。只要幼时菌盖受挤压,则永远不会再重新圆整。

2. 防治方法　及时进行疏蕾处理,勿使菇蕾过多、过密集,保证秀珍菇菇蕾疏密有序。

(五)菌柄空心

菌柄细长、空心,导致菌盖也很小,主要是基料含水率过低以及空间湿度太小等原因所致。

防治方法:每采收一潮菇后,即应进行泡袋或者注水处理,一般浸泡 24 小时即可使菌袋恢复原重,保持菇棚空气相对湿度在 85%以上。

(六)菌柄从裂缝中长出

菌袋含水率过低时,基料开裂,形成狭长的裂口后,即可有子实体从裂口内长出,有的甚至没有完全钻出来,菌盖就在裂口内长大,最终也无法实现其商品价值。

防治方法:坚持菌袋浸泡或者注水处理,不使其形成裂口。

(七)菌柄扭曲

菇棚空气湿度偏低、光照较强或光线角度变换过频时,易发生菌柄扭曲现象。

防治方法:保持相对稳定的空气湿度,并保持较稳定的光照,一般要求有 1 000 勒[克斯]的散射光照射即可满足。

(八)蜡烛菇

蜡烛菇的特征就是光秃秃的菌柄上，没有正常的菌盖组织，形似蜡烛。发生原因，一是菇蕾阶段菌盖组织受损；二是棚内二氧化碳浓度过高。

防治措施：疏蕾时注意不要伤及需要留下的菇蕾；坚持通风换气，保持棚内具有清新的空气条件，这样就可避免蜡烛菇的发生。

第三节 秀珍菇非生理性病害及其防治

食用菌制种和栽培过程中，经常遭到病害和杂菌的袭击，造成劣质、减产，甚至绝收。侵染食用菌培养料和菌丝及菇体的病原性杂菌的种类繁多，其中疣孢霉菌、轮枝霉菌、胡桃肉状菌、斑点病菌、黄斑病、病毒是侵染食用菌菌丝和菇体的重要致病菌。它们致使菇体僵化、畸形、褐斑、腐烂等症状出现。现介绍这几种主要病害的危害症状、发生规律及防治方法。

一、疣孢霉菌病

(一)症状及规律

主要危害秀珍菇、平菇、金针菇等，菌丝体和子实体上均有发生。该病原侵染的最有利时期是菌丝由营养生长转为生殖生长阶段。若菇蕾形成期被侵染，则看不到正常菇蕾，而是有大量畸形病菇提前3～4天出现，且不能进一步分化成为菌盖和菌柄，呈硬马勃状团块；幼菇生长期被侵染，病菇菌盖发育不正常或停止，菇柄膨大变形、变质，呈各种扭曲状畸形菇，病菇后期内部中空，菌盖菌柄处长有白色绒毛菌丝，进而变成暗褐色腐烂，发出臭味；子实体生长的中后期被侵染，轻则菌盖表面产生许多瘤状突起，重则在菌褶和菌柄下部出现白色绒毛状菌丝，渐呈水泡状，渗出水滴，褐腐死亡。

（二）防治方法

1. 预防措施　选用抗病能力强的品种，菇房严格消毒，培养料进行高温堆制发酵和后发酵处理。覆土要在使用前5～6天进行消毒处理，具体方法是每立方米土用200毫升甲醛，对水1～1.5升，均匀喷洒到土粒上面后，用塑料薄膜覆盖，密封熏蒸48小时，然后揭膜扒开土粒，让残留甲醛自然挥发2～3天后即可将土粒上床覆土。

2. 管理措施　初发病时，应立即停止喷水，加大通风量，降低空气湿度，温度降至15℃以下；发病严重，应除掉带病覆土，更换新土，烧毁病菇，工具要随时用甲醛消毒。

3. 药剂防治　清除病菇后，用25%多菌灵以1∶400倍液或65%代森锌1∶500倍液喷洒床面；还可用1%～2%甲醛液喷施。多菌灵和特克多对疣孢霉菌有强烈的杀灭作用。

二、轮枝霉病

（一）症状及规律

轮枝霉病又称轮枝霉褐斑病、褐斑病、干泡病、干腐病。其症状与疣孢霉病较相似。子实体生长初期被侵染，不分化菌盖菌柄，只形成马勃状团块，但该病后期不从菌块渗出汁液，也不散发臭味。子实体生长中后期染病，先在菌盖上产生许多针头大小的不规则的褐色斑点，逐渐扩大发生凹陷并呈灰白色，潮湿条件下病斑上长出白色霉状物。菌柄受害时形成纵向褐色条斑，基部变黑加粗、干枯。

(二)防治方法

①培养料进行高温发酵和二次发酵，对覆土进行药剂消毒处理，注意环境卫生。

②防止菇蝇、菇蚊等害虫进入菇房。防止人为传播，工具要用甲醛液消毒。

③加强管理，经常通风换气，防止高温、高湿，喷水后要注意通风。局部发病时，及时清除病菇。

④药剂防治。对发病处用多菌灵 1∶500 倍液，或 70%甲基硫菌灵 1∶800 倍液，还可用 2%甲醛液或 65%代森锌可湿性粉剂 1∶500 倍液局部处理。

三、镰孢霉枯萎病

(一)症状及规律

镰孢霉枯萎病主要危害平菇和秀珍菇。侵染幼菇，初期只是菌盖部分色泽变暗，停止生长，幼菇绵软，然后渐失水成“僵菇”状枯萎；子实体染病，则菌盖小，菌柄短，菌髓部萎缩变褐，有的整个菇体变褐、干腐状。潮湿时，菌柄基部可见白色绒毛状菌丝。

(二)防治方法

①培养料进行高温堆制和二次发酵，对覆土进行蒸汽消毒或药物消毒。

②药剂拌料。用 25%多菌灵或 50%的多菌灵拌料，用量为干料重量的 0.2%。

③药剂防治。发病后喷铜铵溶液(即 1 份硫酸铜加 1 份硫酸铵，再稀释 300 倍喷施)，也可喷施 1∶500 倍的苯来特或多菌灵。

四、细菌病

(一)症状及规律

几乎危害所有食用菌,主要是污染培养料,且迅速蔓延,侵染到子实体。一般从健康菌株菌柄基部或耳片基部侵入,引起黄褐色腐烂症状,并由基部向上扩展。病菇停止生长、软腐,在腐烂处长有绿色粉状霉层,霉层边缘有绒状白色菌丝。

(二)防治方法

①调节培养料呈弱碱性,一般用培养料干重的1%～2%的石灰拌料即可。

②拌料时可加0.1%的50%多菌灵。

③及时清除培养料上的青霉菌块,并对污染处进行药剂处理,涂抹石灰膏处理。

五、细菌性斑点病

(一)症状及规律

细菌性斑点病主要危害秀珍菇、平菇等。病斑多见于菌盖、菌柄表面,开始出现为针头大小斑点,呈淡黄色,后逐渐扩大凹陷,呈暗褐色,病斑大小较一致、边缘整齐。潮湿时出现黏液,干燥后形成有光泽的菌膜,病点之间有的愈合形成不规则斑块。病菌侵染,不深入下层菌肉部分。

(二)防治方法

①加强栽培管理,防止高温、高湿,适当减少喷水次数和喷水量,喷水后要及时通风换气,避免菌盖表面长期积水。

②发病初期喷洒次氯酸钙(漂白粉)1∶600倍溶液,可抑制病原菌蔓延。

③已发病菇房要尽早摘除病菇,及时处理,同时防止人为传染,以防再次侵染。

六、鬼伞菌

尽量选用新鲜培养料,使用前暴晒2天,或用石灰水浸泡原料;控制培养料的含氮量,发酵料或发酵栽培时,麦麸或米糠添加量不要超过5%,无论用何种材料栽培,最好进行二次发酵,大大减少鬼伞病菌的污染;发酵时控制培养料的含水量在70%以内,以保证高温发酵获得高质量的堆料,同时培养料拌料时,调节培养料的pH值至10左右。

七、霉　菌

常见的有绿色木霉、毛霉和链孢霉。防治霉菌常用的药液有5%的石炭酸、2%甲醛、1∶200倍液的50%多菌灵、75%甲基硫菌灵、pH值为10的石灰水,此外往污染处撒石灰粉,防治效果也很好。

八、绿色木霉病菌

(一)症状及规律

危害所有食用菌。主要在培养料中掠夺营养和水分,分泌毒素,使播后的食用菌菌种不能萌发,或虽萌发但不能正常生长。菌丝染病,则菌丝消退,子实体不能或极少形成;子实体发病,则停止生长,基部腐烂、倒伏,在腐烂部位长出绿色霉层。木霉菌发生初期为白色绒毛状,类似秀珍菇菌丝,几天后变为淡绿色粉状霉层,然后变成深绿色,范围逐渐扩大,发生再侵染。

(二)防治方法

①选用抗病抗杂菌能力强的品种,适当加大接种量,菌丝长满后要适时解开袋口,开袋时间不要过早或过晚。

②栽培前,培养料进行药剂处理或二次发酵,注意环境卫生。老菇房或旧生产场地要彻底清扫刷白,熏蒸或喷药杀菌。

③刚发现木霉时,及时清除,并在感染部位喷洒1∶500倍苯来特药液,涂抹石灰膏或撒1∶1的多菌灵与百菌清混合粉处理。

九、毛霉病菌

(一)症状及规律

毛霉,又叫黑霉、长毛霉。接合菌亚门接合菌纲毛霉目毛霉科,真菌中的一个大属。以孢囊孢子和接合孢子繁殖。菌丝无隔、多核、分枝状,在基物内外能广泛蔓延,无假根或匍匐菌丝。不产生定形淡黄色菌落。菌丝体上直接生出单生、总状分枝或假轴状分枝的孢囊梗。各分枝顶端着生球形孢子囊,内有形状各异的囊轴,但无囊托。囊内产生大量球形、椭圆形、壁薄、光滑的孢囊孢子。孢子成熟后孢子囊即破裂并释放孢子。有性生殖借异宗配合或同宗配合,形成一个接合孢子。某些种产生厚垣孢子。毛霉菌丝初期白色,后灰白色至黑色,这说明孢子囊大量成熟。毛霉菌丝体每日可延伸3厘米左右,生长速度明显高于秀珍菇菌丝。

毛霉在土壤、粪便、禾草及空气等环境中存在。在高温、高湿度以及通风不良的条件下生长良好。毛霉的用途很广,常出现在酒药中,能糖化淀粉并能生成少量乙醇,产生蛋白酶,有分解大豆蛋白的能力,我国多用来做豆腐乳、豆豉。许多毛霉能产生草酸、乳酸、琥珀酸及甘油等,有的毛霉能产生脂肪酶、果胶酶、凝乳酶等。常用的毛霉主要有鲁氏毛霉和总状毛霉。腐生，广泛分布于酒曲、植物残体、腐败有机物、动物粪便和土壤中。有重要工业应用，如利用其淀粉酶制曲、酿酒；利用其蛋白酶以酿制腐乳、豆豉等。代表种如总状毛霉（M. racemosus）、高大毛霉（M. mucedo）、鲁氏毛霉（M. rouxianus）等。分解纤维素的能力最强。毛霉还和红色酵母菌互利共生。

（二）防治方法

搞好环境卫生，保持培养室周围及栽培地清洁，及时处理废料。接种室、菇房要按规定清洁消毒；制种时操作人员必须保证灭菌彻底，袋装菌种在搬运等过程中要轻拿轻放，严防塑料袋破裂；经常检查，发现菌种受污染应及时剔除，决不播种带病菌种。如在菇床培养料上发生毛霉，可及时通风干燥，控制室温在 20℃～22℃，待杂菌被抑制后再恢复常规管理。调节 pH 值，适当提高 pH 值，在拌料时加 1%～3%的生石灰或喷 2%的石灰水可抑制杂菌生长。药剂拌料，用干料重量 0.1%的甲基硫菌灵拌料，防治效果更好。

十、链孢霉病菌

（一）症状及规律

链孢霉又名脉孢霉。无性阶段属丝孢目，球壳菌科，有性阶段是一种子囊菌。危害秀珍菇的是粗糙脉纹孢霉和面包脉纹孢霉。菌丝白色，疏松，有分枝和隔。分生孢子梗为双叉状分枝。分生孢子串生，球形至卵圆形，橘红色或粉红色。子囊壳簇生或散生，近球形或卵形。子囊圆筒形，内有 8 个子囊孢子。链孢霉分布广泛，空气、土壤、腐烂植物、谷物等可传播。培养料过湿和棉塞受潮时严重发生。可污染所有菇的母种、原种、栽培种及黑木耳、银耳的耳棒。被污染的菌种及培养料，初期长出灰白色纤细菌丝，生长迅速，几天后在菌袋外形成橘红色粉状孢子团，明显高出料面。常常引起成批菌种报废。

(二)防治方法

搞好环境卫生，培养料灭菌要彻底，避免棉塞受潮，搬运时勿损伤菌袋。严格遵守无菌操作规程，培养室避免高温高湿。定期检查，发现孢子团先用湿纸盖住，再运出烧毁。

十一、曲　霉

(一)症状及规律

曲霉属丝孢目，丝梗孢科。危害秀珍菇的是黑曲霉、黄曲霉和灰绿曲霉等。菌丝无色，有隔。分生孢子梗无隔、无分枝，顶端膨大呈球形或椭圆形，放射状密生小梗，分生孢子串生于上，球形或卵形，黑色(黑曲霉)、黄绿色(黄曲霉)或淡绿色(灰绿曲霉)。曲霉分布于土壤、空气及各种有机物上。高温、高湿，通风不良，培养料中碳水化合物过多时易发生。受污染的培养料开始出现白色绒毛状菌丝，很快即变为有色的粉状霉层。它不仅与秀珍菇争夺养料和水分，还分泌毒素，严重影响秀珍菇的产量与品质。

(二)防治方法

同链孢霉与木霉的防治。

第四节　秀珍菇虫害及其防治

一、线　虫

(一)识别特征及危害

线虫主要危害秀珍菇培养基菌丝，也有多个品种，主要有具口针的菌丝线虫、无口针的小杆线虫等，前者以口针插入菌丝体吸取菌丝液汁，使菌丝生长受阻、继之萎缩死亡，产生“退菌”现象；后者则用其头部快速搅动菌丝，使之成为极微细的菌丝碎片，然后吞食或吸吮，结果同样是使菌丝消失。线虫体型微小，一般在 1 毫米左右，但其繁殖速度很快，一般在 20℃～30℃条件下，交配后约 30 小时即可产卵，一条雌虫可产卵几十粒，高者可达 140 粒。卵发育到成虫只需 10 几天，在 25℃以上条件时仅需 8 天左右。线虫类害虫体表光滑，喜水渍环境或水分较大的生存条件，活动时似有一团水在移动，这是鉴别线虫的重要方法。

(二)防治方法

拌料时添加菇友防虫灵(拌料型)杀虫杀卵，治标治本。

出菇阶段的虫害预防及治疗，对暴露在菇体上的线虫、螨虫、菌蛆等发现使用菇友康宁(喷施型)均有显著的杀灭效果，保护子实体、菌丝等免受害虫的咬食，提高产量，保证菇质。是出菇期防虫杀虫的首选产品。

使用菇友康宁(喷施型)杀虫剂不伤菇体。每瓶 100 毫升，每盖 14 毫升，14～25 毫升对水 15 升喷雾。出菇时每隔 6～7 天喷施 1 次，可有效预防和杀灭线虫。

二、螨　虫

(一)识别特征及危害

螨虫属于节肢动物门蛛形纲蜱螨亚纲的一类体型微小的动物，身体大小一般都在0.5毫米左右，有些小到0.1毫米，大多数种类小于1毫米。螨虫和蜘蛛同属蛛形纲，成虫有4对足，一对触须，无翅和触角，身体不分头、胸和腹三部分，而是融合为一囊状体，有别于昆虫。虫体分为颚体和躯体，颚体由口器和颚基组成，躯体分为足体和末体。螨虫躯体和足上有许多毛，有的毛还非常长。前端有口器，食性多样。

螨虫是食用菌菌种生产乃至栽培中危害极大的微小蛛形类的害虫，俗称菌虱。螨虫主要以若螨或成螨危害菌丝体，将菌丝咬断而食；也会将子实体蛀食成孔洞，菇体色泽转为褐色或失去光泽。有的被害组织部位出现褐色病斑。螨危害严重时，覆土粒或菇盖完全被浅灰色“活动尘埃”所覆盖，多则抱成团，使产量锐减。

螨虫繁殖速度极快，在20℃～30℃条件下，完成一代的生育需8天左右，个别品种则仅需3天即可完成一代。因品种的不同，部分螨虫亦需经卵、幼螨、若螨、成螨等生育阶段，但有的品种则只有卵、螨之分，因为它们的卵可直接在母体内发育为成螨，然后破体而出。当生存条件不适，或无菌、菇可食时，则可吸附于工具、人体甚至其他虫类活体上，借机转移至适宜场所，继续其生存和繁殖扩大。

(二)防治方法

1. 使用菇友虫螨一熏绝熏蒸杀灭　菇友虫螨一熏绝采用独特的军工冷发烟工业生产，发烟不产生明火，烟浓有冲力，成烟率高，药效好，防治效果达常规烟雾剂2倍。对危害食用菌生长的菇虫、菇蝇、菇蚊及螨虫、线虫等均有极强的杀灭效果。

菇友虫螨一熏绝使用方法：每 60～100 米^3 的空间燃放净重 50 克的一枚烟剂，横置点燃。

2. 搞好环境卫生　搞好菇场内外的环境卫生对防治螨害是极其有效的。废培养料、菇柄及病菇弃置于菇场附近将继续蔓延传染，植物体碎片、泥炭、旧草料也是螨虫的滋生传染场所，同时菇房也要进行彻底消毒。

3. 培养料灭螨　螨虫绝大多数是培养料中的稻草带来的，在堆制培养料时，要使堆温升高至 70℃，并加入菇友防虫灵（拌料型）灭螨，同时应采用二次发酵以杀死培养料中的螨虫及卵。所加药主要有以下几种：第二次翻堆或第三次翻堆时喷 40%三氯杀螨醇乳剂稀释 800 倍液；在堆制培养料时，加入一定数量的烟梗粉（4 千克/100 千克），也有一定的效果。

4. 覆土前对螨虫的防治　播种 1 周左右，就要及时检查培养料面是否有螨虫，发现螨虫后，最好在覆土之前就应给予消灭，消灭害螨应在中午室温较高时进行，这时螨虫集中在培养料表面，容易杀死，具体方法是：喷洒菇友康宁，本品每瓶 100 毫升，每盖 14 毫升，14～25 毫升对水 15 升喷雾。出菇时每隔 6～7 天喷施 1 次，可有效预防和杀灭螨虫。

5. 产菇前后对螨虫的防治　在出菇前或采菇后料面用 1.8%阿维菌素乳油 3 000～4 000 倍液或 73%克螨特乳油 2 000～3 000 倍液喷洒。

6. 可利用螨虫对某些物质趋避性的特点进行诱杀　螨虫对猪骨头特别敏感，趋性强，可把猪骨头置于菌床各处，待螨虫聚集猪骨头上时，将其投入沸水中烫死，猪骨头捞出后，可反复使用。

还可使用糖醋液诱杀法。使用 0.5 千克醋酸掺水 0.5 升，加 50 克蔗糖，滴入数滴敌敌畏拌匀后用纱布浸糖醋液，然后把纱布铺在菇床面上，待螨虫诱集后，取下烫死，重浸糖醋液可反复使用。

这种诱捕螨虫的方法高效、环保。

也可采用茶籽饼诱杀法。炒热的茶籽饼具有浓厚的油香味，在螨虫发生危害的菇床上铺上湿纱布，把刚炒好的茶籽饼粉撒一层在纱布上，待螨虫聚集到纱布后，取下用沸水烫死，连续进行几次，即可以达到防治螨虫的目的。

三、跳　虫

(一)识别特征及危害

跳虫多于夏、秋季节发生危害，温度在15℃以上时即可存活，气温达22℃时渐趋活跃，并随之繁殖扩大。跳虫危害菌丝体和子实体，且潜伏在菌褶及细小缝隙中，使产品价值大打折扣甚至报废。跳虫品种较多，常见的主要有角跳虫、黑角跳虫、黑扁跳虫等。跳虫的寿命很长，多数品种能存活半年左右，长者达到1年。跳虫的主要形体特征是体型微小，一般在1.5毫米左右，最大者亦在5毫米以下。菇棚内潮湿的环境、阴暗的光线、丰富的菌丝及秀珍菇营养，为跳虫的繁衍生息提供了最佳的条件，因此危害性较大。

(二)防治方法

由于跳虫体表为油质，药液很难渗入体内，一旦发生则很难除治。因此，关键在预防。主要是菇房使用前的晾晒、干燥、杀虫处理。要及早除治，可用0.1%鱼藤精或0.2%乐果喷洒，药物除治时要注意料底和土壤也要喷药充足。还可用敌敌畏1 000倍液，加入少量蜂蜜盛于盆中，放在菇床上诱杀，此法效果好，无残毒。

四、菇蚊、菇蝇

（一）识别特征及危害

秋季栽培一般采用发酵料，如秀珍菇、平菇、鸡腿菇以及双孢蘑菇等。体型较小的菇蚊、平菇眼菌蚊、秀珍菇眼菌蚊、多刺眼菌蚊、异型眼菌蚊、粪蝇、蚤蝇、果蝇等成虫进料产卵，成虫及卵并不能直接产生危害，当温度在16℃～30℃时，4天左右卵即孵化为幼虫，危害7～18天即化蛹，一般蛹期为2～8天，之后羽化为成虫，成虫羽化后当日或次日即可再度交尾，交尾当日即可产卵，一般每只菇蚊产卵10粒以上，最多的达270粒，菇蚊成虫体型较大，一般品种体长可在3.5毫米以上，最大可超过6毫米，幼虫体长一般在5毫米左右，最大可超过16毫米。菇蝇类体型偏小，最大型的蚤蝇其成虫体长仅在1.5毫米左右，幼虫则在2～3毫米，但果蝇成虫及其幼虫体长可达5毫米左右，与菇蚊相差无几。

菇蚊、菇蝇幼虫初期均在表层料内活动，咬食菌丝，出菇后则可钻至菌柄基部，直至菌盖，待菇体“中空”后又回到料内，继续深入危害，直到将基料内菌丝全部蚕食干净。

（二）防治方法

①在菇床上没有长子实体时，用菇友康宁（喷施型）药液喷洒，可杀死成虫和暴露在土层表面的幼虫。要每隔2天喷洒1次，连续喷3～4次。

②成虫有趋光性，可采用灭蚊灯诱杀。

③堆制培养料时，尽量使堆温升高，并在翻堆时，边翻料，边喷菇友康宁（喷施型）。重新建堆后，用塑料薄膜覆盖严密，熏闷2天后揭开，这样可以杀死堆中大部分的虫体和虫卵。

④利用一些土农药，如烟秆、番茄茎叶、桉树叶、苦楝叶、黄花

蒿、蓖麻叶等,混入堆料中进行堆制,可以杀死幼虫或减少幼虫滋生。

⑤苏云金杆菌、杀螟杆菌、白僵菌等,对防治幼蝇类都有很好效果。芽孢杆菌对蝇类昆虫有很强的致病力,可杀死幼虫和蛹,而对人、畜无害。牲畜吃下带有芽孢杆菌的饲料,排出的粪便也带菌,蝇类幼虫就无法滋生。

⑥培养料一定要进行"二次发酵"。

第五节　秀珍菇贮藏期害虫种类及其防治

秀珍菇贮藏期间的害虫种类繁多,主要有昆虫纲的鳞翅目、鞘翅目和蛛形纲的螨类等。其危害较重,常将干品蛀成孔洞,遗留下很多残渣、碎片、虫粪等,有的还能使干品产生异味或变质,造成重大损失。因此,了解秀珍菇贮藏期间害虫的种类及其习性,并采取有效的防治方法,是秀珍菇干品进行成功贮藏的关键。

一、地中海螟蛾

(一)识别特征及危害

地中海螟蛾,又称地中海粉螟、条斑螟蛾。属鳞翅目,螟蛾科。成虫体长7～12毫米,翅展19～22毫米,头、胸、腹灰白色,触角丝状,复眼灰黑色。前翅狭长,灰色,上有两条波浪形的横带,后翅灰白色。雌虫成虫体型较雄虫大。卵圆球形,直径0.3毫米,乳白色,表面粗糙。老熟幼虫体长12～15毫米,头部棕红色,胴部淡黄色、灰白色或乳白色,背面常带桃红色。前胸盾片、臀板及毛片都带黑褐色至深褐色。蛹长6.5～9毫米,细瘦纺锤形。体背呈淡褐色至褐色。腹面呈淡褐色至黄褐色。末节呈圆锥形,末端的背面着生尾钩6个,排成弧形。末节端腹面的两侧各着生尾钩1个,见

图 7-1。地中海螟蛾 1 年发生2～4 代，每代所需时间随温度不同而异。在 18℃～20℃时为80～104 天；25℃～30℃时为 35～55 天。每只雌虫产卵 50～350 粒，产卵数与湿度及光线有关，黑暗条件下产卵数比有光条件下多。幼虫能在水分只有 1%的干品中生存，在秀珍菇干制品上移动时有吐丝的习性。地中海螟蛾是以幼虫蛀食秀珍菇子实体干品。

图 7-1　地中海螟蛾

（二）防治方法

①清洁卫生防治，对于秀珍菇干品仓库、储存物品的货场、加工厂内的孔洞、缝隙应进行嵌补，做好粉刷工作，使害虫无栖息和越冬场所。

②生物防治，苏云金杆菌（BT）制剂，主要用来防治粉斑螟、印度螟蛾、地中海螟蛾、米黑虫、麦蛾等鳞翅目害虫，对鞘翅目害虫的防治由于仍缺乏高毒力菌株则存在一定局限性。苏云金杆菌（BT）制剂施药方式有两种：一种是把药拌入秀珍菇干品堆中；另一种是表面施药。

二、粉斑螟蛾

（一）识别特征及防治

粉斑螟蛾属鳞翅目，螟蛾科。成蛾体长 7～9 毫米，翅展 15～20 毫米，灰褐色，上有或浅或深的色带。幼虫因其摄取食物的不同可能呈白色、黄色或红色。化蛹时喜欢向上移动至阴暗处，见图 7-2。粉斑螟蛾 1 年发生 4 代，气温较高地区 1 年可发生 4 代以

图 7-2　粉斑螟蛾

上。抗寒力弱，在 0℃以下经过 1 周，各期虫可全部冻死。理想温度条件下(32°C)完成生命周期需要 31 天。以幼虫在包装物上、仓库缝隙中越冬。初孵化的幼虫以成虫尸体及碎屑为食，稍大后则吐丝连缀粉屑或在被蛀菇菌褶中筑巢，匿伏巢中危害。幼虫有群集做茧越冬和爬行时吐丝结网的习性。粉斑螟蛾主要危害秀珍菇子实体干品、小麦、大麦、青稞、玉米、燕麦、粟、大米、稻谷、糠麸、粉类、芝麻、花生、各种豆类和干果以及中药材。经常与印度谷螟和地中海粉螟同时发生，是重要的能危害完整秀珍菇子实体干品的害虫之一。

(二)防治方法

①搞好仓储的环境卫生，减少发生基数，产品入库贮藏前要将库房内、外进行 1 次彻底打扫，剔刮虫巢带出集中深埋。墙壁缝隙用纸筋石灰堵塞嵌平，并用石灰浆粉刷 1 遍，再按每立方米空间用 80％敌敌畏 20～40 毫升，或浸有 30％敌百虫的锯木屑烟剂密闭熏蒸 72 小时。

②提高仓储产品的贮藏质量，实行科学贮藏。房门窗须加设纱门、纱窗，防止成虫飞入；仓库内并挂浸有敌敌畏的布条，以杀死入侵的害虫。

③发现虫蛀要及时处理并补救，对贮藏产品在太阳下暴晒，杀死害虫(或在－1℃条件下处理 24 小时，将其冻死)外，还要对仓库进行 1 次药物熏蒸，方法是：每立方米用 30～40 克氯化苦(三氯硝基甲烷)，喷洒到贮藏物的包装袋面上或喷洒到空包装袋上挂于仓库内。也可每立方米用 190～220 克二氯乙烯或溴甲烷 20 克，密闭熏蒸 72 小时。

三、印度螟蛾

(一)识别特征及危害

螟蛾,又称印度谷螟、印度谷蛾、印度粉螟、封顶虫。属鳞翅目,螟蛾科。

成虫体长6.5～9毫米,翅展13～18毫米,头胸部灰褐色,腹部灰白色。触角丝状多节,头顶复眼间有一种向前下方锥状黑褐色鳞片丛。复眼黑色。前翅灰白色,半透明。卵椭圆形,长约0.3毫米,乳白色,一面凹入,另一面尖形。表面粗糙,有许多小粒状突起。老熟幼虫体长10～13毫米,淡黄白色。腹部背面粉红色,头部黄褐色,体呈圆柱形,中间稍膨大。腹足趾钩全环双序,蛹长5.7～7.2毫米,宽1.6～2.1毫米,细长,橙黄色,背部稍带淡褐,前翅带黄绿色,复眼黑色。腹末着生尾钩8对,见图7-3。印度螟蛾1年发生4～6代,在温暖地区1年可发生7～8代。此虫发生极不规则,在同一时期内可发现卵、幼虫、蛹、成虫。成虫产卵在菌盖表面或菌褶中,初孵幼虫多蛀菌盖表面,后钻入菌褶中危害。幼虫老熟后,大多离开菌体爬向仓壁、梁柱、天花板及包装物等缝隙,或背风角落吐丝结茧化蛹越冬;少数虫则在被害物中吐丝连缀碎屑所成的碎屑团中化蛹或越冬。每只雌虫可产卵30～200粒,最多达350粒。成虫寿命4～20天。卵期2～17天。幼虫期22～25天,蛹期7～14天。印度螟蛾以幼虫蛀食秀珍菇子实体干品。危害时吐丝结网,并排出有臭味的粪便。

图7-3　印度螟蛾幼虫

(二)防治方法

①秀珍菇干品库房要远离不卫生的场所并安装纱门纱窗,防止成虫进入。

②药剂防治,成虫盛发期用80%敌敌畏乳油1 000～2 000倍液,喷雾1～2次,或挂蘸有敌敌畏乳剂的布条,用量为每立方米260毫克,密封48小时。

四、欧洲谷蛾

(一)识别特征及危害

欧洲谷蛾,又称谷蛾,属鳞翅目,谷蛾科。成虫体长5～8毫米,翅展12～16毫米,灰白色,散生黑褐色鳞片,头部有灰黄色毛一丛,复眼黑色。丝状触角长,有55节。前翅棱形,前后缘平衡,灰白色,散布不规则紫黑色斑纹。后翅灰黑色,前缘平直,后缘呈弧形。前后翅后缘均着生灰黑色的长缘毛。足灰黄色。卵长约0.3毫米,有光泽,扁平椭圆形,淡黄白色。老熟幼虫体长7～9毫米、宽1.2～1.6毫米。头部较小,灰黄色或赤褐色,两侧各有明显单眼6个,胴部淡黄白色。前胸背板黄褐色,臀板淡黄褐色。蛹长约6.5毫米、宽约1.8毫米,细长。腹面黄褐色,背面色泽较深,喙极短。触角比翅略长。腹部各节近前缘均有细小的黄褐色锯齿状突起一列,见图7-4。欧洲谷蛾1年产生3代。第三代幼虫老熟后,爬至各种缝隙中做茧越冬。翌年温度上升至12℃以上时,幼虫破茧而出,开始取食危害。越冬代成虫羽化后1天交尾,交尾后1天产卵,卵多产于菌褶、菌柄表面,或包装品、仓壁缝隙中。一只雌虫可产卵20～120粒,一般产80～90粒。初孵化的幼虫,先从菌盖边缘或菌褶开始危害,逐渐蛀入菇体内部。欧洲谷蛾繁殖、发育的最适宜温度为15℃～30℃。温度在10℃以下或35℃以上时，丧失一切活动能力，50℃以上的高温30分钟可将其全部杀死。欧洲谷蛾的主要危害是以幼虫危害秀珍菇子实体干品，并排出有臭味的粪便。

图7-4　欧洲谷蛾

(二)防治方法

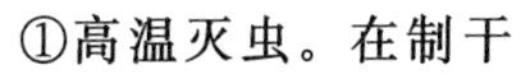

①高温灭虫。在制干菇时，先晾晒鲜菇，后随即放入40℃左右的烤房内烘7～8小时，再加温至50℃～60℃，使菇含水量在20%左右，再在50℃下保持数小时，使菇含水量降至13%左右取出，装入密闭的容器内即可。

②菇仓处理。干菇入仓前，彻底清除仓内的陈旧物品，并喷药灭虫。如有条件使菇仓保持温度2℃～5℃、空气相对湿度50%～55%，也可防止该虫危害。

五、麦　蛾

(一)识别特征及危害

麦蛾又称麦蝴蝶、飞蛾，属鳞翅目，麦蛾科。成虫为灰黄色的小蛾。体长4～6.5毫米，翅展8～16毫米。头顶无毛丛，复眼黑色，触角长丝。前翅披针形，淡黄褐色至黄褐色，上有不明显的黑色斑点。后翅灰黑色中略带银白色，比前翅略狭，呈菜刀形，后缘毛特长，与翅面等宽。雄虫腹末钝形，雌虫腹末尖形，前、中足后面黑色，后足全部灰黄色。卵长0.5～0.6毫米，扁平椭圆形，表面有纵横的凹凸条纹，初产卵乳白色，后变淡红色。老熟幼虫体长5～8毫米，呈乳白色，全体光滑，略有皱纹，无斑点。头部小，淡黄褐色。胸腹较肥大，向后逐渐细小，胸足3对，极短小，腹足及臀足显著退化呈小突起，末端着生褐色微小趾钩1～3个。蛹长4～6毫米，细长，全体黄褐色。前翅狭长，伸达第六腹节。各腹节两侧各生一细小瘤状突起。腹部末节圆而小，见图7-5。麦蛾在温暖地区1年发生4～6代，在寒冷地区1年发生2～3代。以老熟幼虫在秀珍菇干品中结薄茧越冬，成虫飞行力极强，寿命约10天。每一雌虫可产卵86～94粒。麦蛾发育最适温度为21℃～35℃，发育起点温度为10.3℃。成虫在45℃以上的环境中经过35分钟即死亡。麦蛾的主要危害是以幼虫蛀食秀珍菇子实体干品。

图7-5　麦　蛾

(二)防治方法

暴晒或熏蒸；仓库应安上纱门纱窗，防止感染；当日照平均温度在44℃时，将食用菌干品暴晒6小时，以杀死麦蛾的卵、幼虫及蛹；用干燥清洁无虫的稻草扎成直径为7厘米的草束，两端张开，平铺在秀珍菇干品表面，纵横间隔50厘米，进行诱杀。

六、长角扁谷盗

(一)识别特征及危害

长角扁谷盗又称长角谷盗、长角谷甲。属鞘翅目，扁甲科。成虫体长 1.5 毫米，长扁形，暗褐色至暗赤褐色，略有光泽。头部呈三角形，头顶中央有一极细的纵隆起线。复眼圆形而突起，黑褐色。触角细长，有 11 节。前胸背板宽大于长。鞘翅长为宽的 1.5 倍，后缘圆形，鞘翅上各有纵条纹 5～6 条。卵椭圆形，长 0.4～0.5 毫米，乳白色。老熟幼虫体长 3～4 毫米，淡黄色，头部扁平，淡赤褐色。触角短小，体形前半部扁平，后半部略肥大，末节圆锥形，末端着生一对褐色尾突起。各腹节两侧着生淡黄白色细毛 2 根。全体散生淡黄白色茸毛。蛹长 1.5～2 毫米，淡黄白色，头顶宽大，复眼淡赤褐色。鞘翅狭长伸达腹部腹面第五节后缘，腹部末端着生小肉刺 1 对。头部、前胸背板及各腹节背面散生黄褐色细长毛，见图 7-6。长角扁谷盗每年发生 3～6 代，以成虫在干燥的菇屑、碎粉或仓库内各种缝隙中越冬。成虫产卵于碎菇、粉粒的表面或缝隙内，善飞翔。幼虫老熟后即连缀粉屑做成白色薄茧，在茧内化蛹。发育的最适温度为 32℃，最适空气相对湿度为 90%。在此条件下完成 1 代只需 28 天。长角扁谷盗的危害是以幼虫蛀食秀珍菇子实体干品，成虫也可危害。

图 7-6　长角扁谷盗

(二)防治方法

植物熏蒸除虫：将花椒、茴香或碾成粉末状的山苍子等，任取一种，装入纱布小袋中，每袋装 12～13 克，均匀埋入秀珍菇干品中，一般每 50 千克秀珍菇干品放 2 袋即可。

七、赤拟谷盗

(一)识别特征及危害

赤拟谷盗又称赤拟谷甲、拟谷盗、谷蛀。属鞘翅目,拟步行虫科。成虫体长2.3～4.4毫米,呈扁平长椭圆形,褐色至赤褐色,有光泽。头部扁阔,复眼肾形黑色。触角有11节,棍棒状。每一鞘翅上各有10条纵形线,线间列生小刻点。腹部腹面可见5节。卵长椭圆形,乳白色,表面粗糙无光泽。老熟幼虫体长6～7毫米,细长,圆筒形而又稍扁。头部黄褐色,有侧单眼2对,黑色。触角3节,末端着生数根黑褐色细毛。胸、腹共12节,呈淡黄色,有光泽,并疏生黄褐色细毛,末节着生1对黄褐色尾突。腹面着生1对肉质的指状突起,与腹面都呈淡白色。胸足3对,呈淡黄白色,蛹长4毫米,淡黄白色,头部扁圆形。前胸背板上密生小突起,近前缘尤多,上生褐色细毛。鞘翅沿腹面伸达腹部第四节。最末腹节着生黑色肉刺1对,见图7-7。赤拟谷盗在温暖地区1年发生4～5代,在东北寒冷地区每年只发生1～2代。完成1代需32～108天。以成虫群居在各种包装袋及仓库缝隙中越冬。成虫喜黑暗环境,不善飞翔,有群集性和假死性。幼虫也喜群集,虫龄一般6～7龄,最多可达12龄,老熟后即在碎屑内化蛹。发育最适温度为28℃～30℃,低于18℃则不适于发育,在0℃下经1周各虫态均死亡。赤拟谷盗以幼虫、成虫蛀食秀珍菇子实体干品。成虫身上的臭腺能分泌臭液,污染储藏物,影响品质,严重的甚至不能食用。

图7-7 赤拟谷盗

(二)防治方法

①仓贮秀珍菇干品要纯净干燥,朵形完整。

②控制成品含水量在12%~13%,贮藏中发现成品含水量超过上限时,要及时晾晒或置入55℃~60℃烘干机内烘焙。

③秀珍菇干菇最好贮藏在3℃~5℃条件下,成品包装要密封在不透气容器中。

八、锯谷盗

(一)识别特征及危害

锯谷盗又称锯胸谷盗。属鞘翅目,锯谷盗科。成虫体长2.5~3.5毫米,扁长形,深褐色,有不太密的白茸毛。头部略呈三角形,复眼圆形而突出,黑色。触角11节,棍棒状。前胸背板近方形,上有纵隆脊3条,两侧缘各具齿突6个。鞘翅长,两侧平行,各具纵隆脊4条和刻点纹10条。卵长椭圆形,乳白色,表面光滑。老熟幼虫体长3~4.5毫米,扁平细长,淡褐色,散生淡黄白色细毛。触角3节与头部等长。前、中、后胸背面两侧各具一深褐色斑块。腹部第二~七节背面两侧各生两根长刚毛。蛹长2.5~3毫米,乳白色,无毛。前胸背板各有锯齿6个。腹部两侧各具细长条突6个。腹末呈半圆形突起,末端着生小肉刺1对,见图7-8。锯谷盗1年发生2~5代。以成虫越冬,多数逸出仓外潜伏在附近砖石、杂物、木片间越冬,少数在仓内缝隙中越冬。成虫善飞行,但不常飞,爬行极速,抗寒性及抗毒性均较强。雌虫一生可产卵35~100粒,最多可产375

图7-8 锯谷盗

粒，卵多散产或集产在菇屑、菇盖表面。幼虫行动活泼，有假死性，老熟幼虫在碎屑内化蛹。锯谷盗以幼虫蛀食秀珍菇子实体干品。

(二)防治方法

秀珍菇干品最好贮藏在3℃～5℃条件下，成品包装要密封在不透气容器中。

九、大 谷 盗

(一)识别特征及危害

大谷盗属鞘翅目，谷盗科。成虫体长约10毫米，呈扁平椭圆形，亮黑色。头部略呈三角形，触角棒状。前胸和中胸之间呈细颈状。鞘翅上有纵形线7条。卵细长椭圆形，乳白色。幼虫体长约1.9毫米，长扁平形，白色或灰白色，前部较狭，向后渐宽。头部黑褐色。其背板左右分开。第二、第三节背面各有黑褐色斑点1对。尾端着生钳状附器。蛹长9毫米，黄白色。腹部生细毛，见图7-9。

图7-9 大 谷 盗

大谷盗1年发生1代，大多数以成虫在木板、锯屑中越冬，至第二年3～4月间产卵。少数也有以幼虫越冬，至第二年春天化蛹，5～6月份羽化为成虫交配产卵。卵产在菌褶、菌柄或其他缝隙内，10～40粒集为一丛，每只雌虫可产卵1 200粒左右。在21℃时卵期仅为10天，幼虫期约39天。老熟幼虫蛀入木板中化蛹，成虫寿命达1～2年。大谷盗以幼虫和成虫蛀食秀珍菇子实体干品，成虫也能咬食其他害虫。

(二)防治方法

①冷冻杀虫,冬季把库温降至0.6℃以下,持续7天以上。

②高温杀虫,把秀珍菇干品仓库内温度升至55℃,可杀死该虫。

③生物防治法。当秀珍菇干品中除虫脲剂量达1～10毫克/千克时,能有效防治大谷盗1年之久。

④采用磷化铝熏蒸法,具体方法参见说明书。

⑤农户或小型秀珍菇干品仓库也可使用秀珍菇防虫包装袋,可有效地防治秀珍菇干品害虫,同时还可防止霉变,有效期2年,对已生虫的秀珍菇干品,装入袋后1周,杀虫效果80%,2周后杀虫效果达100%。

十、烟草甲

(一)识别特征及危害

烟草甲又称苦丁茶蛀虫、烟草标本虫。属鞘翅目。成虫体长2.5～3毫米,呈宽椭圆形,背面隆起,全体棕黄色至赤褐色,有光泽,密生黄褐色茸毛。头部宽大,隐蔽于前胸背板下方,能上抬;复眼大,圆形,黑色;触角位于复眼正前方,11节,锯齿状。鞘翅侧缘掩蔽腹部两端,末端呈圆形,鞘翅上密布微小刻点及黄褐色细毛。足短小。卵长椭圆形,淡黄褐色,表面平滑,一端有若干微小突起。老熟幼虫长约4毫米,身体弯成如"C"字形,密生金黄色丝状细长毛。除头部黄褐色外,其余为淡黄白色或乳白色。胴部多皱纹,各体节大小相近,蛹长3毫米、宽1.5毫米,乳白色,椭圆形。头部向下。前胸背板后缘角向两侧显著突出。鞘翅伸达第二腹节中部,后翅被掩盖,见图7-10。烟草甲1年发生3～6代,以幼虫越冬。完成1代需44～70天;幼虫蜕皮4次,幼虫老熟后即用分泌物做

图 7-10 烟 草 甲

白色强韧的薄茧化蛹。在温度25℃、空气相对湿度70%的条件下,雌成虫寿命为31天,雄成虫寿命为28天,在25℃条件下,每只雌虫最少可产卵103粒,最多产126粒。卵单产于子实体表面及碎屑中。成虫有假死性,善飞翔,喜黑暗、弱光,黄昏或阴天即四处飞翔。烟草甲幼虫及成虫均取食秀珍菇子实体干品。

(二)防治方法

①注意仓库内部清洁,新旧秀珍菇干品不宜混放。

②寒冷地区冬季可把仓库温度降至-3℃经7昼夜低温冷冻,大部分幼虫将被冻死。

③秀珍菇干品入库时要严格检查虫情,有虫的要先行杀虫处理,然后入库。

④对贮存1年左右的秀珍菇干品采用塑料膜密封存储,尽量集中使用,虫口密度大时,可用磷化氢气体熏蒸防治。

⑤针对烟草甲有趋光的特性,在仓库内安装诱虫灯,不仅可杀灭害虫,还可减少虫体对贮藏的秀珍菇干品污染。

十一、脊胸露尾甲

(一)识别特征及危害

脊胸露尾甲,又称米出尾虫、米露尾虫、玉米红褐露尾虫和脊胸露尾虫,属鞘翅目,露尾甲科。

脊胸露尾甲成虫体长2～3.5毫米,长圆形,头向下,复眼圆形,黑色。触角11节,末端3节膨大呈锤状。前胸背板宽大于长,后缘较前缘宽，侧缘弧形，背面隆起。中胸背板隆起均匀，无纵纹线。鞘翅较短，后端呈切断状；腹部末端 2 节露出翅外。卵长圆形，乳白色有光泽。老熟幼虫体长 5～6 毫米、宽 1～1.1 毫米；体形细长扁平，白色或黄白色，身体前端小而后端膨大，胸足 3 对，腹末着生 1 对暗褐色尾突。蛹长约 3 毫米，白色有光泽。头部圆形，前胸前缘、侧缘着生粗刺 8 根，腹部第五、第六节特别大(图 7-11)。脊胸露尾甲在热带及亚热带 1 年发生 5～6 代，以成虫群集于仓内隐蔽处越冬。每年 6～10 月份为此虫发生盛期。成虫羽化 2 周后即交尾产卵，每只雌虫约产卵 80 粒。初孵化的幼虫，先侵蚀子实体外表，长大后蛀入子实体内部，蛀成许多孔洞或不规则的隧道。成虫性活泼，飞翔力强，有群集、假死、趋光等习性。脊胸露尾甲以幼虫蛀食秀珍菇干品，成虫也取食危害，但发生较少。

图 7-11　脊胸露尾甲

(二)防治方法

①在秀珍菇干品入库贮藏前 3 天对库房内喷 1 次 1∶400 马拉硫磷，毒杀已潜入的脊胸露尾甲。

②仓库库房门窗应装塑料纱窗或医用纱布，防止害虫入侵。

十二、药 材 甲

(一)识别特征及危害

药材甲属鞘翅目。成虫体长 2～3 毫米，长椭圆形，体暗赤褐色，略有光泽，触角 11 节，前胸背板帽形隆起，后缘中央有一纵隆脊。鞘翅上各有明显的纵纹 9 条。卵椭圆形，乳白色。成熟幼虫体长 4 毫米，体形弯曲。胴部近于白色，密被金黄色和直立的细毛。胸足由 4 节组成，有一细长的爪。气孔不明显，环形。蛹长约 2.8 毫米。鞘翅伸达第三腹节后缘。腹部末节两侧各有一小肉刺（图 7-12）。药材甲一般每年可发生 2～3 代，以幼虫越冬。幼虫 4 龄，成虫有趋光性，善飞翔，耐干燥，成虫羽化后在蛹室内留数天后才蛀孔外出。每头雌虫可产卵 20～120 粒。卵集于寄主表面，卵块最多可达 40 粒。在 22℃～25℃下卵期、幼虫期及蛹期分别为 10～15 天、50 天及 10 天。对储藏秀珍菇干品的危害，主要是由药材甲的幼虫所造成的。成虫能飞，有假死性，喜昏暗的光线，常在黄昏或阴天飞翔。我国大部分地区都有分布。

图 7-12　药 材 甲

(二)防治方法

①注意仓库内清洁，新旧食用菌干品不宜混放。

②寒冷地区冬季可把仓库温度降至－3℃经 7 昼夜低温冷冻，大部分幼虫将被冻死。

③秀珍菇干品入库时要严格检查虫情，有虫的要先行杀虫处理，然后入库。

④对贮存 1 年左右的秀珍菇干品采用塑料膜密封贮藏，尽量集中使用，虫口密度大时，可用磷化氢气体熏蒸防治。

⑤针对药材甲有趋光性的特点，在仓库内安装诱虫灯，不仅可杀灭害虫，还可减少虫体对贮藏的秀珍菇干品危害。

附　录

附录一　食用菌卫生管理办法

（中华人民共和国卫生部 1986 年 12 月 9 日发布，1987 年 1 月 1 日实施）

第一条　为贯彻预防为主的方针和执行《中华人民共和国食品卫生法（试行）》，加强食品卫生管理，提高食用菌的卫生质量，保障人民身体健康，特制定本办法。

第二条　本办法管理范围系指秀珍菇、香菇、草菇、木耳、银耳、猴头菌等鲜、干食用菌及其制品。

第三条　为防治病虫害，使用药物消毒杀虫时，仅能用于菇房，并应严格掌握用量。严禁使用 1605、1059、666、DDT、汞制剂、砷制剂等高残毒或剧毒农药。

第四条　栽培食用菌使用的材料，应报请当地食品卫生监督部门审查，符合卫生要求，方能生产销售。

第五条　食用菌制品，使用添加剂应符合现行的《食品添加剂使用卫生标准》，原料用水应符合现行的《生活饮用水卫生标准》。

第六条　食用菌生产购销部门，必须加强毒、食菌鉴别知识的宣传，建立质量检验制度，对食用菌要做到专人负责，分类收购，严格检查，防止毒菌混入，严禁掺假、掺杂。

第七条　食用菌的包装、贮存、运输必须符合卫生要求，严禁使用装过农药、化肥及其他有毒物质的容器包装，严禁与农药、化肥、中草药材和其他杂物混堆、混运。

第八条　为了加强食品卫生管理，食品卫生监督机构可以向生产、销售等单位，根据需要无偿采取样品检验，并给予正式收据。

附录二　农作物秸秆及副产品化学成分

农作物秸秆及副产品化学成分(%)见附表2。

附表2　农作物秸秆及副产品化学成分　(%)

种　类	水　分	粗蛋白质	粗脂肪	粗纤维(含木质素)	无氮浸出物	粗灰分
一、秸秆类						
稻　草	13.4	1.8	1.5	28.0	42.9	12.4
小麦秸	10.0	3.1	1.3	32.6	43.9	9.1
大麦秸	12.9	6.4	1.6	33.4	37.8	7.9
玉米秆	11.2	3.5	0.8	33.4	42.7	8.4
高粱秆	10.2	3.2	0.5	33.0	48.5	4.6
黄豆秆	14.1	9.2	1.7	36.4	34.2	4.4
棉　秆	12.6	4.9	0.7	41.4	36.6	3.8
棉铃壳	13.6	5.0	1.5	34.5	39.5	5.9
甘薯藤(鲜)	89.8	1.2	0.1	1.4	7.4	0.2
花生藤	11.6	6.6	1.2	33.2	41.3	6.1
二、副品类						
稻　壳	6.8	2.0	0.6	45.3	28.5	16.9
统　糠	13.4	2.2	2.8	29.9	38.0	13.7
洗米糠	9.0	9.4	15.0	11.0	46.0	9.6
麸　皮	12.1	7.92	1.62	6.57	59.26	4.35
玉米芯	8.7	2.0	0.7	28.2	58.4	20.0
花生壳	10.1	7.7	5.9	59.9	10.4	6.0
玉米糠	10.7	8.9	4.2	1.7	72.6	1.9

续附表 2

种　类	水　分	粗蛋白质	粗脂肪	粗纤维（含木质素）	无氮浸出物	粗灰分
高粱壳	13.5	10.2	13.4	5.2	50.0	7.7
豆　饼	12.1	35.9	6.9	4.6	34.9	5.1
豆　渣	7.4	27.7	10.1	15.3	36.3	3.2
菜籽饼	4.6	38.1	11.4	10.1	29.9	5.9
芝麻饼	7.8	39.4	5.1	10.0	28.6	9.1
酒　精	16.7	27.4	2.3	9.2	40.0	4.4
淀粉渣	10.3	11.5	0.71	27.3	47.3	2.9
蚕豆壳	8.6	18.5	1.1	26.5	43.2	3.1
废　棉	12.5	7.9	1.6	38.5	30.9	8.6
棉仁柏	10.8	32.6	0.6	13.6	36.9	5.6
花生饼		43.8	5.7	3.7	30.9	
三、谷粒薯类						
稻　谷	13.0	9.1	2.4	8.9	61.3	5.4
大　麦	14.5	10.0	1.9	4.0	67.1	2.5
小　麦	13.5	10.7	2.2	2.8	68.9	1.9
黄　豆	12.4	36.6	14.0	3.9	28.9	4.2
玉　米	12.2	9.6	5.6	1.5	69.7	1.0
高　粱	12.5	8.7	3.5	4.5	67.6	3.2
小　米	13.3	9.8	4.3	8.5	67.9	2.2
马铃薯	75.0	2.1	0.1	0.7	21.0	1.1
甘　薯	9.8	4.3	0.7	2.2	80.7	2.3
四、其　他						
血　粉	14.3	80.4	0.1	0	1.4	3.8
鱼　粉	9.8	62.6	5.3	0	2.7	19.6

续附表 2

种　类	水　分	粗蛋白质	粗脂肪	粗纤维（含木质素）	无氮浸出物	粗灰分
蚕　粪	10.8	13.0	2.1	10.1	53.7	10.3
槐树叶粉		18.4	2.6	9.5	42.5	15.2
松针粉		9.4	5.0	29.0	37.4	2.5
木　屑		1.5	1.1	71.2	25.4	
蚯蚓粉	12.7	59.5	3.3		7.0	17.6
芦　苇		7.3	1.2	24.0		12.2
棉籽壳		4.1	2.9	69.0	2.2	11.4
蔗　渣		1.5	0.7	44.5	42.0	2.9

附录三　常用农药混合使用

常用农药混合使用见附表3。

附表 3　常用农药混合使用表

农药名	波尔多液	石硫合剂	石　灰	鱼藤精	除虫菌	七氯、氯丹	敌百虫	有机氯杀螨剂	二嗪哝、二硫磷等	敌敌畏、乐果等	退菌特	代森锌、福美等
波尔多液		−	+	⊕	⊕	+	⊕	+	+	−	⊕	−
石硫合剂	−		+	⊕	⊕	+	⊕	+	−	−	−	−
石　灰	+	+		−	−	+	⊕	+	−	−	−	−
鱼藤精	⊕	⊕	−		+	+	+	+	+	+	+	
除虫菌	⊕	⊕	−	+		+	+	+	+	+	+	+
七氯、氯丹	+	+	+	+	+			+	+	+	+	+

续附录 3

农药名	波尔多液	石硫合剂	石灰	鱼藤精	除虫菌	七氯、氯丹	敌百虫	有机氯杀螨剂	二嗪哝、二硫磷等	敌敌畏、乐果等	退菌特	代森锌、福美等
敌百虫	⊕	⊕	⊕	+	+	+		+	+	+	+	+
有机氯杀螨剂	+	+	+	+	+	+	+		+	+	+	+
农药名	波尔多液	石硫合剂	石灰	鱼藤精	除虫菌	七氯、氯丹	敌百虫	有机氯杀螨剂	二嗪哝、二硫磷等	敌敌畏、乐果等	退菌特	代森锌、福美等
二嗪哝、二硫磷等	+	+	⊕	+	+	+	+	+		+	+	+
敌敌畏、乐果等	−	−	−	+	+	+	+	+	+		+	+
退菌特	⊕	−	−	+	+	+	+	+	+	+		+
代森锌、福美等	−	−	−	+	+	+	+	+	+	+	+	

参考文献

[1] 韩玉才.最新食用菌生产与经销大全[M].沈阳:辽宁科学技术出版社,2002.

[2] 蔡衍山,梁阿宾,张维瑞.秀珍菇生产关键技术百问百答[M].北京:中国农业出版社,2006.

[3] 刘祟汉.秀珍菇高产栽培400问[M].南京:江苏科学技术出版社,1999.

[4] 寿诚学,彭智华.秀珍菇栽培与制种新技术[M].北京:中国农业出版社,1999.

[5] 胡昭庚,王国兴,朱元弟.秀珍菇栽培新法[M].北京:中国农业出版社,1999.

[6] 黄年来.中国食用菌百科[M].北京:农业出版社,1993.

[7] 桥本一哉,黄年来.秀珍菇栽培法[M].北京:中国农业出版社,1997.

[8] 牛西午.北方食用菌栽培[M].北京:中国科学技术出版社,1994.

[9] 申进文,张云英,郭恒.食用菌制种技术[M].郑州:河南科学技术出版社,1999.

[10] 郑其春,陈容庄,陆哀平.食用菌主要病虫害及其防治[M].北京:中国农业出版社,1995.

[11] 罗信昌,王家法,王汝才.食用菌病虫杂菌及防治[M].北京:中国农业出版社,1992.

[12] 胡公洛,张志勇,林晓民.食用菌病虫害防治原理与方法[M].北京:中国统计出版社,1993.

[13] 苗长海,郝春才,王建平.简明食用菌病虫防治[M].北京:中国农业出版社,1999.